高等职业教育土木建筑类专业新形态教材

工程测量实务

主　编　李会青　陈华安

北京理工大学出版社
BEIJING INSTITUTE OF TECHNOLOGY PRESS

内 容 提 要

本书面向高职高专院校土建类相关专业，阐述了工程测量的基础理论和方法。全书共11章，其中第1~6章介绍了工程测量的基础知识和水准仪、全站仪、GPS、三维激光扫描仪、无人机等在工程测量中的应用，第7~11章分述了地形图测绘与应用、建筑施工测量、竣工测量、建筑物变形观测及工程案例等内容。为方便读者学习，全书各章均配有思考练习题。

本书可作为高职高专院校建筑工程技术等相关专业的教材，也可作为成人教育土建类相关专业的教学用书。

版权专有　侵权必究

图书在版编目（CIP）数据

工程测量实务 / 李会青，陈华安主编. —北京：北京理工大学出版社，2020.1（2020.2重印）
ISBN 978-7-5682-7215-5

Ⅰ.①工… Ⅱ.①李… ②陈… Ⅲ.①工程测量－高等学校－教材 Ⅳ.①TB22

中国版本图书馆CIP数据核字（2019）第138541号

出版发行 /	北京理工大学出版社有限责任公司
社　　址 /	北京市海淀区中关村南大街5号
邮　　编 /	100081
电　　话 /	（010）68914775（总编室）
	（010）82562903（教材售后服务热线）
	（010）68948351（其他图书服务热线）
网　　址 /	http://www.bitpress.com.cn
经　　销 /	全国各地新华书店
印　　刷 /	天津久佳雅创印刷有限公司
开　　本 /	787毫米×1092毫米　1/16
印　　张 /	12
字　　数 /	261千字
版　　次 /	2020年1月第1版　2020年2月第2次印刷
定　　价 /	39.00元

责任编辑 /	钟　博
文案编辑 /	钟　博
责任校对 /	周瑞红
责任印制 /	边心超

图书出现印装质量问题，请拨打售后服务热线，本社负责调换

前 言

本书依据国家标准《工程测量规范》（GB 50026—2007），结合工程测量行业发展和教学改革需要编写而成，主要面向建筑工程技术、市政工程技术、园林工程、监理工程等专业。

本书主要具有以下特点：

（1）内容新。本书选取了全站仪、GPS、三维激光扫描仪、无人机摄影测量等前沿技术，介绍了最新版本的绘图软件，推广全站仪快捷高程测量等方法。

（2）"做中学"。如对水准测量原理采取量水深说原理的方式，再如对相位式测距原理采用指挥笨狗熊量长度的方式，通过"做"达到学习理解的目的。

（3）项目化。本书虽然没有明确的项目，但每个关键节都可以设计成一个小项目，每个小项目解决一个实际问题，实现任务驱动。

（4）重应用。面向工作岗位，对接现场需求，结合工程应用有针对性地选取内容，介绍工作流程与操作。

（5）有案例。本书介绍了国家大剧院、国家体育场、深圳某大厦等工程施工测量的具体案例。

本书吸收了教学改革与技术进步的成果，借鉴了同类教材和专业文章的内容。前6章为基础篇，以仪器应用为主线将测量与测设整合到一起；后5章为应用篇，以任务实施为导向，实践与应用贯穿其中。

本书由深圳职业技术学院李会青和陈华安担任主编。具体编写分工为：李会青编写第1~4章、第7~9章，陈华安编写第5章、第6章、第10章、第11章。本书在编写过程中得到了唐明海、杨欢工程师的支持与帮助，他们提出了许多宝贵意见和建议，在此深表感谢。

本书配有动画和视频资料，读者可通过访问链接：https://pan.baidu.com/s/1HqC9xA2Luk0pyvpV4e1thA（提取码：qfz7），或扫描右侧的二维码进行下载，期望能对读者理解和掌握工程测量的相关知识有所帮助。

由于编者水平有限，书中难免有疏漏和不妥之处，欢迎读者交流指正。
联系邮箱：596048283@qq.com。

编　者

目 录

第1章 基础知识 ·················· 1
1.1 工程测量的任务 ············ 1
1.2 点的坐标表示 ·············· 2
1.2.1 水准面与大地水准面 ······ 2
1.2.2 地球形状与旋转椭球 ······ 2
1.2.3 高程与高程系 ············ 3
1.2.4 坐标与坐标系 ············ 3
1.2.5 点的三维坐标与工程测量任务的关系 ···················· 6
1.2.6 城市坐标系与施工坐标系的转换 ······················ 6
1.3 工程测量的基本数据 ········ 7
1.3.1 直接测量数据 ············ 7
1.3.2 间接测量数据 ············ 7
1.4 测量误差的基本知识 ········ 8
1.4.1 误差的定义 ·············· 8
1.4.2 误差产生的原因 ·········· 8
1.4.3 误差的分类、特性及消减措施 ··· 8
1.4.4 精度指标 ················ 9
1.4.5 测量工作的程序和原则 ·········· 11

第2章 水准仪及其应用 ·········· 12
2.1 水准仪及其配套工具 ········ 12
2.1.1 水准测量原理 ············ 12
2.1.2 水准仪 ·················· 13
2.1.3 水准尺和尺垫 ············ 14
2.1.4 水准仪脚架 ·············· 15
2.2 水准测量实施 ·············· 15
2.2.1 水准仪的使用 ············ 15
2.2.2 水准测量实施步骤 ········ 17
2.3 三、四等水准测量 ·········· 22
2.3.1 三、四等水准测量的技术要求···· 22
2.3.2 三、四等水准测量的施测方法···· 23
2.4 设计高程测设 ·············· 25
2.4.1 设计高程测设介绍 ········ 25
2.4.2 设计坡度直线的测设 ······ 26

第3章 全站仪及其应用 ·········· 29
3.1 全站仪简介 ················ 29
3.1.1 仪器特点 ················ 29
3.1.2 仪器操作键 ·············· 30
3.1.3 基本操作 ················ 31
3.2 角度测量 ·················· 32
3.2.1 水平角测量 ·············· 32
3.2.2 竖直角测量 ·············· 35
3.3 距离测量 ·················· 37
3.3.1 测距原理 ················ 37
3.3.2 全站仪距离测量 ·········· 38

3.4 三角高程测量 ………………………… 39
   3.4.1 三角高程测量步骤 …………………… 39
   3.4.2 快捷高程测量 ………………………… 40
   3.4.3 快捷高程测量实施 …………………… 41
3.5 坐标测量 ……………………………… 43
   3.5.1 基本的坐标计算 ……………………… 43
   3.5.2 坐标测量的方法 ……………………… 44
   3.5.3 导线坐标计算 ………………………… 47
3.6 全站仪用于测设 ……………………… 51
   3.6.1 角度测设 ……………………………… 51
   3.6.2 距离测设 ……………………………… 52
   3.6.3 点位测设 ……………………………… 52
   3.6.4 数据格式转换 ………………………… 54

第4章 GPS 及其应用 ………………… 58
4.1 GPS 介绍 ……………………………… 58
   4.1.1 GPS 定位的基本原理 ………………… 58
   4.1.2 伪距测量和载波相位测量 …………… 59
   4.1.3 GPS 接收机 …………………………… 61
4.2 GPS 静态定位 ………………………… 63
   4.2.1 GPS 定位的技术设计 ………………… 63
   4.2.2 GPS 测量的外业准备及技术设计书的编写 …………………………… 67
   4.2.3 GPS 测量外业实施 …………………… 69
4.3 RTK 定位技术在工程上的应用 …… 72
   4.3.1 RTK 用于数据采集 …………………… 72
   4.3.2 RTK 用于放样 ………………………… 76
   4.3.3 数据导入、导出 ……………………… 77
   4.3.4 网络 RTK ……………………………… 78

第5章 三维激光扫描技术 …………… 81
5.1 概述 ……………………………………… 81
   5.1.1 三维激光扫描技术及原理 …………… 81
   5.1.2 三维激光扫描技术的特点 …………… 82
   5.1.3 三维激光扫描技术的应用 …………… 82
5.2 点云数据的获取 ……………………… 83
   5.2.1 扫描方案的制定 ……………………… 83
   5.2.2 野外获取点云数据 …………………… 84
5.3 点云数据处理和三维建模 …………… 85
   5.3.1 点云数据处理 ………………………… 85
   5.3.2 三维建模 ……………………………… 86
5.4 用 FARO Focus3D X330 进行作业实例 ……………………………………… 87
   5.4.1 扫描过程 ……………………………… 87
   5.4.2 扫描数据预处理 ……………………… 89

第6章 无人机摄影测量技术 ………… 91
6.1 无人机摄影测量技术介绍 …………… 91
   6.1.1 无人机 ………………………………… 91
   6.1.2 无人机摄影测量技术 ………………… 91
6.2 无人机航空摄影测量系统的构成 …… 92
   6.2.1 硬件系统 ……………………………… 92
   6.2.2 软件系统 ……………………………… 93
6.3 无人机航摄传感器及选择 …………… 95
   6.3.1 光学相机 ……………………………… 95
   6.3.2 倾斜摄影相机 ………………………… 95
   6.3.3 多光谱成像仪 ………………………… 96
6.4 无人机及航空摄影机型选择 ………… 97
   6.4.1 固定翼无人机 ………………………… 97
   6.4.2 多旋翼无人机 ………………………… 97
6.5 无人机航摄数据处理 ………………… 98
   6.5.1 无人机航空摄影测量成果类型 ……… 98
   6.5.2 无人机摄影测量数据处理流程 ……… 98
6.6 无人机摄影测量实例 ………………… 99
   6.6.1 利用固定翼无人机制作 DOM … 99

6.6.2 利用多旋翼无人机进行倾斜摄影测量 ……………………… 100

第7章 大比例尺数字地形图测绘 …… 103
7.1 地形图的基本知识 …………… 103
7.1.1 地形图的比例尺 …………… 103
7.1.2 地形图的图外注记 ………… 104
7.1.3 地物、地貌的表示方法 …… 105
7.2 测图前的准备工作 …………… 112
7.2.1 收集资料 …………………… 112
7.2.2 现场踏勘考察 ……………… 113
7.2.3 编写技术设计书 …………… 113
7.2.4 准备人员、设备 …………… 113
7.3 控制测量 ……………………… 114
7.3.1 图根平面控制测量 ………… 114
7.3.2 图根高程控制测量 ………… 115
7.4 野外数据采集 ………………… 116
7.4.1 碎部点的选择 ……………… 116
7.4.2 全站仪数据采集方法 ……… 117
7.4.3 RTK 数据采集方法 ………… 118
7.5 成图软件与地形图绘制 ……… 118
7.5.1 数据导出 …………………… 119
7.5.2 内业成图 …………………… 119
7.5.3 图面分幅与打印 …………… 125
7.6 检查验收 ……………………… 125
7.6.1 检查 ………………………… 126
7.6.2 检查验收报告 ……………… 126
7.6.3 技术总结报告 ……………… 126

第8章 地形图的应用 ………………… 128
8.1 地形图的基本应用 …………… 128
8.1.1 求点的坐标 ………………… 128
8.1.2 确定两点之间的水平距离 … 128
8.1.3 求直线的方位角 …………… 128
8.1.4 确定点的高程 ……………… 130
8.1.5 求两点间的坡度和实际长度 … 131
8.1.6 计算周长和面积 …………… 131
8.1.7 计算体积（容积） ………… 132
8.2 地形图的工程应用 …………… 135
8.2.1 绘制地形断面图 …………… 135
8.2.2 按坡度选线 ………………… 135
8.2.3 确定汇水范围 ……………… 136

第9章 建筑施工测量 ………………… 138
9.1 施工控制测量 ………………… 138
9.1.1 场区控制测量 ……………… 138
9.1.2 建筑物施工控制网 ………… 139
9.2 建筑基线与建筑方格网测设 … 140
9.2.1 建筑基线及其测设方法 …… 140
9.2.2 建筑方格网及其测设方法 … 141
9.3 民用建筑施工测量 …………… 142
9.3.1 施工测量前的准备工作 …… 142
9.3.2 施工测量中的精度指标 …… 144
9.3.3 建筑物定位、放线 ………… 145
9.3.4 基础施工测量 ……………… 146
9.3.5 墙体施工测量 ……………… 147
9.4 高层建筑施工测量 …………… 148
9.4.1 轴线投测 …………………… 148
9.4.2 高层建筑的高程传递 ……… 150
9.5 工业建筑施工测量 …………… 151
9.5.1 厂房柱列轴线与柱基测设 … 151
9.5.2 厂房预制构件的安装测量 … 152
9.6 管道工程测量 ………………… 155
9.6.1 管道中线测量 ……………… 155
9.6.2 管道纵、横断面测量 ……… 155
9.6.3 管道施工测量 ……………… 158

9.6.4　顶管施工测量 ……………… 159
　　9.6.5　管道竣工测量 ……………… 160

第10章　建筑物变形观测及竣工总图编绘 …………………………… 161

10.1　建筑物变形观测的一般规定 …… 161
　　10.1.1　变形观测的精度指标 ……… 161
　　10.1.2　变形观测的基准网 ………… 161
　　10.1.3　变形观测点 ………………… 162
10.2　建筑物沉降观测 ………………… 163
　　10.2.1　沉降观测的时间间隔及次数 … 163
　　10.2.2　沉降观测的过程及精度控制 … 163
　　10.2.3　沉降观测的成果整理 ……… 164
10.3　建筑物水平位移观测 …………… 165
　　10.3.1　观测点和工作基准点的确定 … 165
　　10.3.2　建筑物水平位移观测 ……… 165
10.4　建筑物倾斜观测与裂缝观测 …… 167
　　10.4.1　建筑物倾斜观测 …………… 167
　　10.4.2　建筑物的裂缝观测 ………… 169

10.5　竣工总图编绘 …………………… 170
　　10.5.1　竣工测量 …………………… 170
　　10.5.2　编绘竣工总图的目的、内容和要求 ……………………………… 170

第11章　工程案例 ……………………… 172

11.1　国家大剧院施工测量 …………… 172
　　11.1.1　项目概况 …………………… 172
　　11.1.2　主要测量内容和测量方法 … 173
11.2　国家体育场施工测量 …………… 175
　　11.2.1　项目概况 …………………… 175
　　11.2.2　主要测量内容和测量方法 … 175
11.3　深圳市顺通安科技大厦施工测量 ……………………………… 179
　　11.3.1　工程概况 …………………… 179
　　11.3.2　主要测量内容和测量方法 … 180

参考文献 ……………………………… 184

第1章 基础知识

1.1 工程测量的任务

工程测量的任务包括测量和测设。测量是通过一定的技术手段对外在世界进行数据采集与表达;测设则是将设计或规划的点、线在工作现场确定下来,作为后续工作的依据。测量是将外在世界测绘成数据、图纸或资料;测设是将设计规划的图纸或资料变成工作现场的点或线。

工程测量在建筑工程的不同阶段有不同的任务。在勘测设计阶段,需要测绘地形图用于项目设计和工程量统计;在施工阶段,需要放点、放线,有时需要测绘地形图用于工程量统计,对于隐蔽工程需要竣工图测绘;在工程竣工和运营阶段,需要进行竣工图测绘、建筑物安全监测等,具体见表1-1。

表1-1 工程测量的任务

工程阶段 任务	勘测设计阶段	施工阶段	工程竣工及运营阶段
测量	地形图测绘 断面图测绘	地形图测绘 断面图测绘 建筑物变形观测 隐蔽工程竣工图测绘	竣工图测绘 建筑物安全监测
测设		施工控制网测设 轴线投测与点位测设 设计高程测设与高程传递	地下设备检修时点位测设

以上是根据工程测量任务的性质划分的,如果根据工作内容还可以分为测图、放线和变形观测。

1.2 点的坐标表示

为了更好地描述客观世界,人类建立了坐标系。工程测量同样是在国家或城市的坐标体系里进行的。因此,先介绍工程测量相关的线和面。

1.2.1 水准面与大地水准面

任何一个静止的水面,都是水准面。当某个水准面自由延伸并穿过陆地一定形成一个闭合的曲面,该曲面处处与地球的重力线垂直,重力线也称铅垂线。水准面和铅垂线是工程测量过程中依据的线和面。

与平均海水面吻合的水准面,称为大地水准面。水覆盖了地球表面71%的面积(97%是海水,3%是淡水),所以其可以近似代表地球的形状。大地水准面是工程测量的基准面,如图 1-1 所示。

图 1-1 大地水准面

1.2.2 地球形状与旋转椭球

大地水准面所包围的形体称为大地体,它是一个不规则的形体。实践表明,大地体与一个以椭圆的短轴为旋转轴形成的旋转椭球的形状十分相似,所以,测绘工作便取大小与大地体很接近的旋转椭球作为地球的参考形状和大小,如图 1-2 所示。

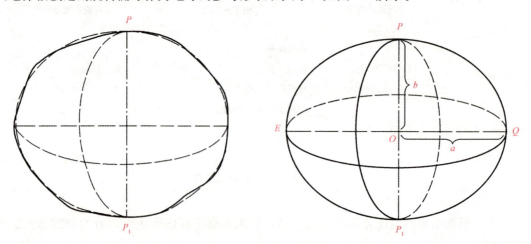

图 1-2 大地体与旋转椭球

我国目前采用的旋转椭球 CGCS2000 的参数为：

长半径：$a=6\ 378\ 137.0$ m；

短半径：$b=6\ 356\ 752.3$ m；

扁率：$\alpha=(a-b)/a=1/298.257\ 222$。

由于旋转椭球的扁率很小，若测区面积不大，可以近似地将地球当作圆球，其半径 R 可按下式计算：

$$R=(a+a+b)/3 \tag{1-1}$$

1.2.3　高程与高程系

地面点到大地水准面的铅垂距离，称为点的高程，也就是海拔高，用 H 加脚标表示，如图 1-3 所示。该高程被视为绝对高程。

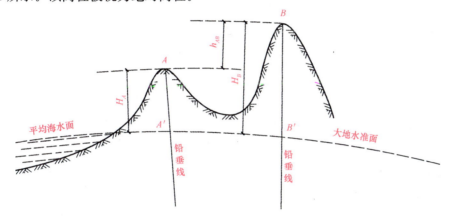

图 1-3　高程和高差

我国高程系统是以青岛验潮站历年记录的黄海平均海水面为基准，并在青岛建立了国家水准原点，其高程为 72.260 m，称为 1985 年国家高程基准。

高差是两点的高程之差，用 h 加脚标表示。

$$h_{AB}=H_B-H_A \tag{1-2}$$

工程上除使用绝对高程外，还常常使用相对高程，例如，将一幢建筑的首层室内地坪作为±0.000，其他点的标高都是相对±0.000 而言的。

1.2.4　坐标与坐标系

坐标系是人类为了更好地研究、描述客观世界而人为设置的框架体系，对于不同的研究对象和客观条件，采用的坐标系也不一样。

1. 独立坐标系

独立坐标系是工程测量常采用的方式之一，例如，在进行一幢建筑的施工测量时，可以依据建筑物的轴线建立独立坐标系。原点选在轴线的最西南交点，以此处垂直相交的轴线作为坐标轴建立独立坐标系，也称施工坐标系，其结合建筑物±0.000 起算的标高构成了三维的施工坐标系,则整幢建筑在这个坐标系里都有了对应的三维坐标。

对于其他测量范围较小的情况,可以将该测区的大地水准面当作平面看待,在该平面上建立独立平面直角坐标系。如图1-4所示,规定x轴向北为正,y轴向东为正。地面点A所对应的铅垂线投影点A'(参看图1-4)在该坐标系有坐标(x_A,y_A)。A点的三维坐标可表示成(x_A,y_A,H_A)。由此可知,测区内每点在独立平面直角坐标系中都有对应坐标,再加上高程就可以表示地面点了。

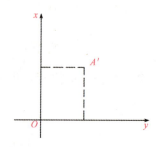

图1-4 独立平面直角坐标系

2. 高斯平面直角坐标系

当测量的范围大时,大地水准面不能再看成平面,而是作为椭球面处理。球面上不能建立直角坐标系。为此采用投影的方法将球面变为平面,然后再建立平面直角坐标系。我国采用的是高斯投影法。

高斯投影法是首先将地球按经线划分成带,称为投影带。投影带从首子午线开始,每隔6°划分一带(称为6°带),如图1-5所示,共划分成60个带。从首子午线开始自西向东编号,东经0°~6°为第一度带,6°~12°为第二度带,以此类推。位于每一带中央的子午线称为中央子午线,第一带中央子午线的经度为3°,任意一带中央子午线经度λ_0为

$$\lambda_0 = 6N - 3 \tag{1-3}$$

式中 N——6°带带号。

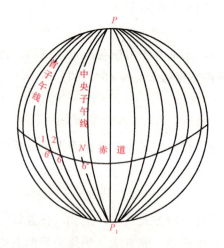

图1-5 高斯投影带

6°带中央子午线及带号如图 1-6 所示。

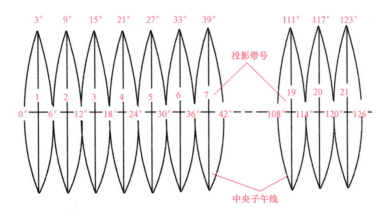

图 1-6　6°带中央子午线及带号

采用高斯投影法时，设想取一个空心圆柱与地球椭球的某一中央子午线相切，如图 1-7 所示。在地球图形与柱面图形保持等角的条件下，将球面上的图形投影到圆柱面上，然后将圆柱沿着通过南、北的母线切开，并展开成平面。在这个平面上，中央子午线与赤道成为互相垂直的直线，其他子午线和纬线成为曲线，如图 1-8(a)所示。取中央子午线为坐标纵轴 X，取赤道为坐标横轴 Y，两轴交点 O 为坐标原点，组成高斯平面直角坐标系。

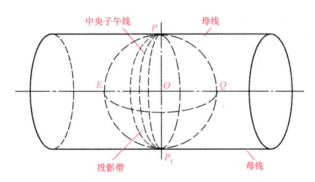

图 1-7　高斯平面直角坐标系的投影图

在坐标系内，规定 X 轴向北为正，Y 轴向东为正。我国位于北半球，X 坐标均为正值，Y 坐标则有正有负，如图 1-8(a)所示，$Y_A = 1\ 367\ 800\ m$，$Y_B = -272\ 126\ m$。为了避免 Y 坐标出现负值，将每带的坐标原点向西移动 500 km，如图 1-8(b)所示。纵轴西移后，$Y_A = 500\ 000 + 1\ 367\ 800 = 6\ 367\ 800(m)$，$Y_B = 500\ 000 - 272\ 125 = 227\ 875(m)$。由于每个投影带中都有这样一个坐标的点，为了进行区别，在 Y 坐标前再冠以投影带带号，构成高斯实用坐标。如该两点在第 26 带中，则 $Y_A = 266\ 367\ 800\ m$，$Y_B = 26\ 227\ 875\ m$。在高斯投影法中，距离中央子午线近的部分变形小，距离中央子午线越远变形越大，两侧对称。当要求投影变形更小时，可采用 3°带或 1.5°带进行投影。

高斯平面直角坐标系和数学笛卡儿坐标系相比，象限顺序不同，并赋予了统一的地理方位意义，这个变化不影响平面点线之间的数学关系。

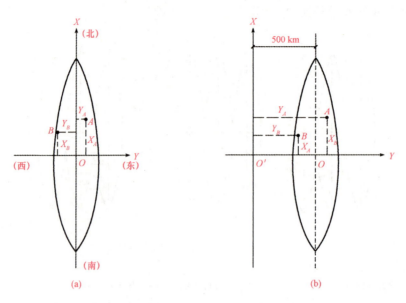

图 1-8 高斯平面直角坐标系

1.2.5 点的三维坐标与工程测量任务的关系

由 1.2.3 节和 1.2.4 节可知，点的三维坐标可以表示成 (x, y, H)，现场测量点的三维坐标可以利用绘图软件完成数字测图；也可以根据点的三维坐标变化进行建筑物变形观测；从设计图纸获取点的三维坐标，可以完成建筑物的施工放线。这些将在后续章节中详细介绍。

1.2.6 城市坐标系与施工坐标系的转换

施工坐标系一般根据建筑物轴线确定，与城市所采用的坐标系不一致，为了施工放线的简便，常常需要进行坐标数据的转换。如图 1-9 所示，P 点在城市坐标系中的坐标为 (x_P, y_P)，在施工坐标系中的坐标为 (A_P, B_P)，施工坐标系的原点 M 在城市坐标系中的坐标为 (x_M, y_M)，坐标轴 A 与城市坐标系 x 轴的夹角为 θ，则有：

$$\begin{cases} x_P = x_M + A_P\cos\theta - B_P\sin\theta \\ y_P = y_M + A_P\sin\theta + B_P\cos\theta \end{cases} \quad (1-4)$$

$$\begin{cases} A_P = (x_P - x_M)\cos\theta + (y_P - y_M)\sin\theta \\ B_P = -(x_P - x_M)\sin\theta + (y_P - y_M)\cos\theta \end{cases} \quad (1-5)$$

式(1-4)是根据施工坐标系坐标计算城市坐标系坐标；式(1-5)是根据城市坐标系坐标计算施工坐标系坐标。θ 是两个坐标系的夹角，可根据同一条直线在两坐标系中的坐标方位角计算出来。

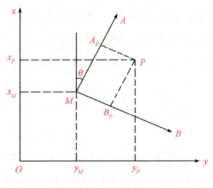

图 1-9 坐标转换

1.3 工程测量的基本数据

工程测量的基本数据包括直接测量数据和间接测量数据。直接测量数据是测量设备直接测量并显示的结果；间接测量数据是测量设备利用直接测量数据进行计算处理后显示的测量结果。

1.3.1 直接测量数据

工程测量的直接测量数据有水平角、竖直角、倾斜距离、水准测量的高差等。

1. 水平角和竖直角

水平角和竖直角是测角仪器测量得到的。水平角是水平面上的角，是空间直线投影到水平面上所夹的角，也可以理解为两个竖直面所夹的二面角；竖直角也称为垂直角，是竖直面内的角，是同一竖直面内仪器视线与水平线的夹角。如图 1-10 所示，空间中三点 A、B、C 所构成的水平角是三点投影到水平面 H 上的水平角 $\angle A'B'C'$，也是包含直线 AB 和直线 BC 的两个竖直面的二面角。竖直角 α 是同一竖直面内 BC 与水平线的夹角。

2. 倾斜距离

倾斜距离是空间两点的直接连线长度，如图 1-10 中 BC 的长度 SD。

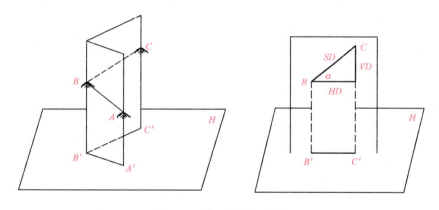

图 1-10 水平角与竖直角

1.3.2 间接测量数据

间接测量数据是指利用直接测量数据通过设备自动计算得到的数据。工程测量的间接测量数据有平距、高距、坐标、高程等。图 1-10 中的斜距 SD 和竖直角 α 可直接测量得到，平距和高距则通过式(1-6)计算得到：

$$\begin{cases} HD = SD \times \cos\alpha \\ VD = SD \times \sin\alpha \end{cases} \quad (1\text{-}6)$$

1.4 测量误差的基本知识

1.4.1 误差的定义

对未知量进行测量的过程称为观测,测量所得到的结果即观测值。一般情况下,观测值与真值之间存在差异,例如,测量三角形的三个内角和,测量结果往往不等于其真值180°,这种差异称为测量误差。用 l 代表观测值,用 X 代表真值,测量误差 Δ 可用下式表示:

$$\Delta = X - l \tag{1-7}$$

测量误差是不可避免的。正因如此,对于同一角度,不同的人的测量结果不同,同一距离不同时间的测量结果也有差异。

1.4.2 误差产生的原因

测量是观测人员利用测量设备,在一定的外界条件下完成的。所以,测量误差来源于观测者、测量设备和外界条件三个方面。观测者的视觉鉴别能力和技术水平会导致测量结果产生误差;同样,测量设备的精密程度对测量结果也有影响,测量设备引起的误差称为仪器误差,仪器误差与测量仪器、工具的精密性相关,例如,很难利用普通的量角器将一个角度的分和秒部分精确测量出来;外界条件的影响是指观测过程中不断变化的大气温度、湿度、风力及大气的能见度等给观测结果带来的误差,例如,温度升高致使测量距离的钢尺膨胀变长而引起的误差。

将观测者、测量设备和外界条件三者综合称为观测条件。

1.4.3 误差的分类、特性及消减措施

测量误差按其产生的原因和对观测结果影响的性质可分为系统误差和偶然误差两类。

1. 系统误差

在相同的观测条件下,对某一量进行一系列观测,如果误差出现的符号和大小不变,或按一定的规律变化,这种误差称为系统误差。例如,用名义长度为 30 m 而实际长度为 30.005 m 的钢尺量距,每量一尺段就有 0.005 m 的误差,其大小和符号不变,而且对观测结果的影响具有累积性,因此,一定要设法消除或减弱其影响。

系统误差对观测结果的影响相对来说具有稳定性或规律性,消除或减弱系统误差的方法有两种:一是采用合理的观测方法和观测程序,限制或削弱系统误差的影响,如测量角度时,采取盘左盘右观测,水准测量时保持前后视距相等;二是利用系统误差产生的原因和规律对观测值进行改正,如对距离测量值进行尺长改正、温度改正等。

2. 偶然误差

在相同的观测条件下,对某一量进行一系列观测,如果误差出现的符号和大小从表面

上看没有任何规律性，这种误差称为偶然误差。偶然误差是由人力所不能控制的因素或无法估计的因素（如人眼的分辨率等）引起的，其大小、符号具有偶然性。例如，用望远镜照准目标，大气的能见度和人眼的分辨率等因素使照准动作有时偏左，有时偏右。在水准标尺上读数时，估读的毫米位有时偏大，有时偏小。

从单个偶然误差来看，其符号和大小没有任何规律性。但是，当进行多次观测，对大量的偶然误差进行统计分析后发现，偶然误差具有如下特性：

(1) 在一定的观测条件下，偶然误差的绝对值不会超过一定限值；
(2) 绝对值小的误差出现的频率大，绝对值大的误差出现的频率小；
(3) 绝对值相等的正、负误差具有大致相等的频率；
(4) 当观测次数无限增大时，偶然误差的理论平均值趋近于零，即偶然误差具有抵偿性。

由于偶然误差具有抵偿性，因此增加观测次数，取其平均值可以减弱偶然误差的影响。

在测量实践中有时存在读错数、记错数等情况，由此产生的错误称为粗差。粗差是应该避免的。

1.4.4　精度指标

为了衡量观测结果的优劣，必须建立一套统一的精度标准。这里主要介绍以下几种。

1. 中误差

中误差用 m 表示，计算公式如下：

$$m = \pm\sqrt{\frac{\Delta_1^2 + \Delta_2^2 + \cdots + \Delta_n^2}{n}} = \pm\sqrt{\frac{[\Delta\Delta]}{n}} \tag{1-8}$$

式中　$\Delta_1, \Delta_2, \cdots, \Delta_n$——测量误差；

　　　n——测量次数。

从式(1-8)可以看出，如果测量误差大，中误差就大；如果测量误差小，中误差就小。一般来说，中误差大精度就低，中误差小精度就高。

实际工作中往往不知道真值，无法计算 Δ，所以利用观测值计算算术平均值和改正数，再利用改正数来计算中误差。如果对一个量进行 n 次观测，观测值为 $l_1, l_2, \cdots, l_n$，则算术平均值 l、改正数 v 和中误差计算如下：

$$l = \frac{l_1 + l_2 + \cdots + l_n}{n} \tag{1-9}$$

$$v_i = l - l_i \tag{1-10}$$

$$m = \pm\sqrt{\frac{v_1^2 + v_2^2 + \cdots + v_n^2}{n-1}} = \pm\sqrt{\frac{[vv]}{n-1}} \tag{1-11}$$

2. 相对误差

中误差有时不能完全表达精度的优劣，例如，分别测量长度为 100 m 和 200 m 的两段距离，中误差皆为 ±0.02 m，显然不能认为两段距离的测量精度相同。为此引入相对误差的概念。相对误差 k 是中误差 m 的绝对值与相应观测值 D 的比值，常用分子为 1 的分式表示：

$$k=\frac{|m|}{D}=\frac{1}{\dfrac{D}{|m|}} \tag{1-12}$$

上例中如果用相对精度来衡量，则容易发现第二段距离比第一段距离的测量精度高。

相对精度不能用于角度测量，因为角度测量误差与角度大小无关。

3. 极限误差

根据统计规律，大于 2 倍中误差的偶然误差出现的可能性约为 5%，大于 3 倍中误差的偶然误差出现的可能性约为 0.3%，所以，一般取 2 倍中误差为允许误差，取 3 倍中误差为极限误差。

4. 误差传播律

在实际工作中，有些值不是直接测量出来的，而是计算出来的。对于线性函数

$$Z=k_1x_1\pm k_2x_2\pm\cdots\pm k_nx_n \tag{1-13}$$

式中，k_1、k_2、$\cdots$、k_n 为常数，x_1、x_2、$\cdots$、x_n 为独立观测值，其中误差分别为 m_{x1}、m_{x2}、$\cdots$、m_{xn}，那么函数值的中误差为

$$m_Z=\pm\sqrt{k_1^2m_{x1}^2+k_2^2m_{x2}^2+\cdots+k_n^2m_{xn}^2} \tag{1-14}$$

由式(1-9)可知，算术平均值的中误差为

$$m_l=\pm\sqrt{\frac{1}{n^2}m_1^2+\frac{1}{n^2}m_2^2+\cdots+\frac{1}{n^2}m_n^2}=\pm\sqrt{\frac{m^2}{n}}=\pm\sqrt{\frac{[vv]}{n(n-1)}} \tag{1-15}$$

如果是非线性函数，应先线性化，再按式(1-14)计算中误差。

【例 1-1】 某段距离共测量 10 次，其值见表 1-2。试计算算术平均值、观测值中误差、算术平均值中误差、相对中误差。

表 1-2 距离测量误差计算表

序号	观测值/m	改正数/mm	vv	计算
1	69.323	+1	1	算术平均值：
2	69.326	−2	4	$l=\dfrac{l_1+l_2+\cdots+l_{10}}{10}=69.324$ m
3	69.324	0	0	
4	69.323	+1	1	观测值中误差：
5	69.325	−1	1	$m=\pm\sqrt{\dfrac{[vv]}{n-1}}=\pm 3.1$ mm
6	69.317	+7	49	算术平均值中误差：
7	69.328	−4	16	$m_l=\pm\dfrac{m}{\sqrt{n}}=\pm 1.0$ mm
8	69.322	+2	4	
9	69.325	−1	1	相对中误差：
10	69.327	−3	9	$k=\dfrac{1}{D}=\dfrac{1}{\dfrac{69\ 324}{m_l}}$
Σ		$[v]=0$	86	

1.4.5　测量工作的程序和原则

测量工作大致可分为外业和内业两部分。外业主要是指室外进行的测量工作，如坐标测量、高程测量、测图、放线等；内业主要是指室内进行的数据处理和绘图工作。

测量工作的程序一般可分为：获得项目或任务，收集相关的资料，完成技术设计，进行控制测量，进行测图、放线或变形观测等，技术总结，提交成果和数据资料等。

测量工作的原则：一是"由整体到局部""先控制后碎部"；二是"前一步工作未作检核，不进行下一步工作"，保证工作步步有检核。

思考与练习

1. 量出 A4 纸的长和宽，然后绘制一条长度为 3 cm 的直线，理解测量与测设。

2. 在一张 A4 纸上随意点一个点，求其坐标，应该怎样做？如果管理一个工地，怎样求出工地点的坐标？

3. 叙述高差和高程。

4. 画图解释水平角、竖直角、倾斜距离、水平距离。

5. 以小组为单位，用钢尺测量一固定距离（大于 1 个尺段），每人测 1 次。计算算术平均值及其中误差、相对误差。

6. 测量水平角时，一测回测角中误差为 $\pm 8.5''$，为了使测角精度不超过 $\pm 4''$，应至少测几测回？

7. 测量水平角时，一测回测角中误差为 $\pm 3''$，三角形的三个内角各测一测回，请问闭合差的中误差是多少？

第 2 章 水准仪及其应用

2.1 水准仪及其配套工具

2.1.1 水准测量原理

高程和高差都是一段铅垂距离。前者是相对大地水准面而言，可以理解为点比大地水准面高（或低）出多少；后者是相对相关点而言。

图 2-1 中量得泳池 P_1、P_2 两点水深分别为 1.3 m 和 1.8 m，由此可知，P_1 点比 P_2 点高出 0.5 m，该值就是两点高差。量水深可得两点高差的原因，一是两尺与水面交点 M、N 连线水平，两点等高；二是尺直且可读数。水准测量原理与此相似，图 2-2 中水准仪可以提供一条水平视线，借助水平视线分别得到标尺上的读数 a、b，a、b 是两段铅垂距离。水准测量的前进方向影响高差的符号，从 A 测向 B 是下坡，高差为负；反过来从 B 测向 A 是上坡，高差为正。相对前进方向而言后面的标尺称为后视标尺，简称后尺，读数为后视读数；前面的标尺称为前视标尺，简称前尺，读数为前视读数。图中 a 为后视读数，b 为前视读数，即

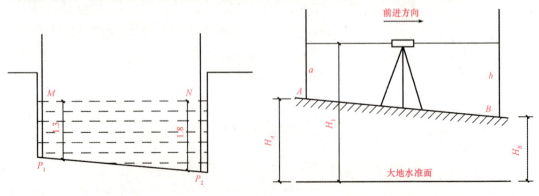

图 2-1 测量泳池水深　　　　　图 2-2 水准测量原理

高差	$h_{AB}=a-b$	(2-1)
B 点高程	$H_B=H_A+h_{AB}$	(2-2)
视线高	$H_i=H_A+a$	(2-3)
B 点高程	$H_B=H_i-b$	(2-4)

可以简单理解为 A 点比大地水准面高出 H_A，水平视线比大地水准面高出 H_i，B 点比水平视线低 b，比大地水准面高 H_B。

2.1.2 水准仪

水准仪是借助一条水平视线完成高程测量和高程测设的仪器，按构造可分为光学水准仪和电子水准仪；按精度可分为普通水准仪和精密水准仪。

图 2-3 所示为广州南方测绘科技股份有限公司生产的 NL32A 水准仪，其主要由望远镜、圆水准器和基座三部分构成。

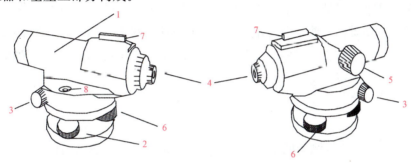

图 2-3 水准仪

1—望远镜；2—基座；3—水平微动螺旋；4—望远镜目镜；
5—望远镜物镜；6—脚螺旋；7—粗瞄准器；8—圆水准器

1. 望远镜

望远镜主要由物镜、目镜、调焦透镜和十字丝分划板等构成，如图 2-4 所示。

图 2-4(a)中，物镜和调焦透镜一起将远处的目标成像在十字丝分划板上，目镜将物镜所成的像和十字丝一起放大成像给观测者。

图 2-4(b)所示为十字丝分划板，板上刻有互相垂直的两条长丝，称为十字丝，用于照准和读数，在横丝的上、下还有两条对称的短丝称为视距丝，可用来测定距离。

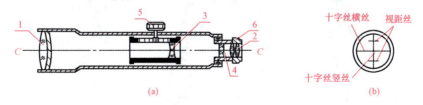

图 2-4 望远镜

1—物镜；2—目镜；3—调焦透镜；4—十字丝分划板；
5—物镜调焦螺旋；6—目镜调焦螺旋

十字丝的交点和物镜光心的连线称为望远镜的视准轴。视准轴的延长线就是望远镜的观测视线。

2. 圆水准器

圆水准器安装在仪器的基座上,用来对水准仪进行粗略整平。如图 2-5 所示,圆水准器内有一个气泡,其是将加热的酒精和乙醚的混合液注满后密封,液体冷却后收缩形成一个空间,也即形成了气泡。圆水准器顶面的内表面是一球面,其中央有一圆圈,圆圈的圆心称为圆水准器的零点,连接零点与球心的直线称为圆水准器轴,当圆水准器气泡中心与零点重合时,表示气泡居中,此时圆水准器轴处于铅垂位置。

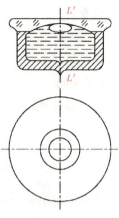

图 2-5 圆水准器

3. 基座

基座主要由轴座、脚螺旋、底板和三角压板构成,如图 2-3 所示。基座的作用是支撑仪器上部,即将仪器的竖轴插入轴座内旋转。基座上有三个脚螺旋,用来调节圆水准器使气泡居中,从而使竖轴处于竖直位置,将仪器粗略整平。底板通过连接螺旋与下部三脚架连接。

2.1.3 水准尺和尺垫

1. 水准尺

水准尺(图 2-6)是水准测量的重要工具,常用的是直尺,一般选用优质木材制成,两面刻画,一面为黑白格相间,称为黑面;另一面为红白格相间,称为红面。双面尺必须成对使用。黑面分划的起始数字为零,而红面分划的起始数字为 4.687 m 或 4.787 m。

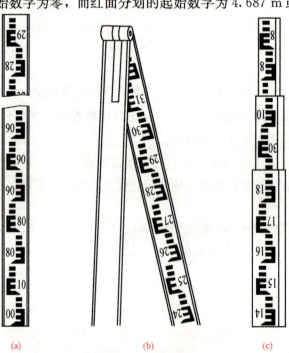

图 2-6 水准尺

(a)直尺;(b)拆尺;(c)搭尺

2. 尺垫

如图 2-7 所示，尺垫一般由生铁铸成，下部有三个尖足点，可以踩入土中固定；中部有突出的半球体，作为临时转点的点位标志供竖立水准尺用。在水准测量中，将尺垫踩实后再将水准尺放在尺垫顶面的半球体上，以防止水准尺下沉。

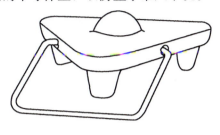

图 2-7　尺垫

2.1.4　水准仪脚架

水准仪脚架用于支撑水准仪，也可用于水准仪粗平，其由三只脚构成，也称为三脚架（图 2-8）。水准仪脚架有木质和铝合金两种，可伸缩，用于调节仪器高度。

图 2-8　水准仪脚架

2.2　水准测量实施

2.2.1　水准仪的使用

1. 安置

水准仪使用前应首先在室外放置一段时间，使之与环境温度接近，然后打开三脚架，拉至合适高度，取出水准仪放置在三脚架上并拧紧连接螺旋。

2. 粗平

粗平要使圆水准器气泡居中，使仪器竖轴处于铅垂位置，可通过移动三脚架完成，如图 2-9(a)所示，左手扶住架腿 3，右手握住架腿 1，圆水准器气泡相对于架腿 1 有 4 个标准位置，处于位置 1 时向外拉架腿 1，处于位置 2 时向里推架腿 1，处于位置 3 时向里扭架腿 1，处于位置 4 时向外扭架腿 1，粗平过程中架腿 2、3 始终保持不动，架腿 1 调节时不可离地太高。

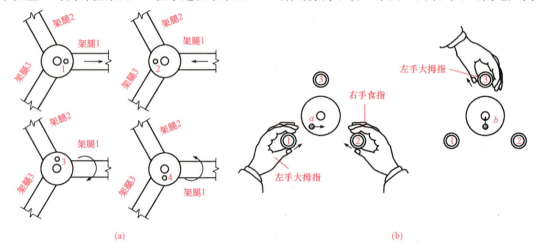

图 2-9 水准仪粗平

粗平也可以通过调节脚螺旋完成，具体做法是：用两手同时以相对方向分别转动任意两个脚螺旋，此时气泡移动的方向和左手大拇指旋转方向相同，然后再转动第三个脚螺旋使气泡居中。可以将两种方法结合使用。

3. 照准

照准就是将水准标尺清晰地成像在望远镜视场里。首先用粗瞄准器对准标尺，然后调节望远镜目镜调焦螺旋使十字丝清晰，调节物镜调焦螺旋使目标清晰，转动水平微动螺旋使标尺处于视场的正确位置。眼睛靠近目镜上、下微微移动，如果物像与十字丝有相对移动，说明存在视差。有视差就会影响照准和读数精度。消除视差的方法是仔细且反复交替地调节目镜和物镜调焦螺旋，使十字丝和目标影像共面，而且都十分清晰。

4. 读数

读数就是在视线水平时，用望远镜十字丝的横丝在尺上读数。读数前要认清水准标尺的刻画特征，成像要清晰稳定。为了保证读数的准确性，读数时要按由小到大的方向，先估读 mm 数，再读出 m、dm、cm 数。图 2-10 所示的读数为 1.067 m。

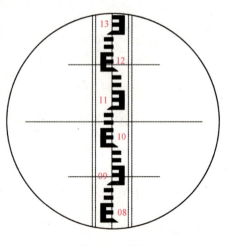

图 2-10 读数

2.2.2 水准测量实施步骤

1. 水准测量一测站的观测步骤

测站是指仪器安置的位置,水准测量一测站的观测步骤如下:
(1)将水准仪安置在距两标尺等距离处;
(2)粗平;
(3)照准后视标尺,精平,读数;
(4)照准前视标尺,精平,读数。

对于微倾水准仪需要人工精平,对于有自动补偿装置的仪器粗平后可直接读数。

2. 水准线路

从图 2-2 中所示的 A 点高程可以看出,根据水准仪读数 a、b,利用式(2-1)、式(2-2)计算高差和 B 点高程。在实际工作中,A、B 两点距离很远或高差大,无法一测站解决,而且待测点也往往不止一个,所以必须结合工程情况采用合理的水准线路。简单的水准线路有闭合水准线路、附合水准线路和支水准线路,图 2-11、图 2-12、图 2-13 中的已知高程点用小圆圈加"十"字表示,待测点用小圆圈表示。

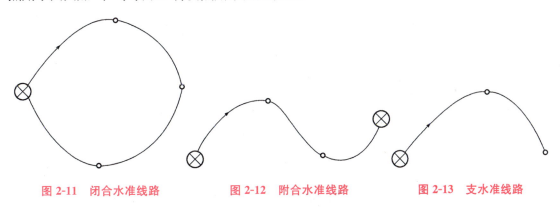

图 2-11 闭合水准线路　　　　图 2-12 附合水准线路　　　　图 2-13 支水准线路

如图 2-11 所示,由已知高程点出发,沿环线测量待测点,最后回到原已知高程点上,属于闭合水准线路;如图 2-12 所示,从已知高程点(起始点)出发,测量待定点后附合到另一个已知高程点(终点)上,属于附合水准线路;如图 2-13 所示,由一已知高程点出发,既不附合到其他水准点上,也不自行闭合,称为支水准线路。

水准线路必须利用一定条件来检核观测成果,避免在观测、记录和计算中发生粗差,保证成果的精度。闭合水准线路的检核条件是线路上各点之间高差的代数和等于零,即 $\sum h_{理}=0$;附合水准线路的检核条件是线路中各段高差的代数和理论上应等于两个已知高程点之间的高差,即 $\sum h_{理} = H_{终} - H_{始}$;支水准线路一定要往返测,其检核条件为:$\sum h_{往} + \sum h_{返} = 0$。如果检核条件不满足,则存在闭合差。分别表示为

闭合水准线路 $\qquad\qquad f_h = \sum h \qquad\qquad$ (2-5)

附合水准线路 $\quad f_h = H_始 + \sum h - H_终$ (2-6)

支水准线路 $\quad f_h = \sum h_往 + \sum h_返$ (2-7)

闭合差是测量误差的存在引起的，由于误差的有界性，闭合差必须小于等于某一限值，否则认为观测过程存在粗差或错误，不同等级的水准测量限值不同，普通水准测量的闭合差允许值为

平坦地区 $\quad f_{h允} = \pm 40\sqrt{L}$ (2-8)

山　　区 $\quad f_{h允} = \pm 12\sqrt{n}$ (2-9)

式中　L——水准线路的长度(km)；

　　　n——水准线路的总的测站数。

3. 支水准线路

图 2-14 所示为一条支水准线路，A 点高程已知为 51.903 m，为了求 B 点高程，进行往测水准测量，其测量步骤如下：

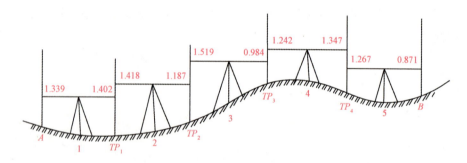

图 2-14　支水准线路

(1)观测与记录。

1)在 A 点直立水准尺作为后视尺，在路线前进方向的适当位置处设转点 TP_1，安放尺垫，在尺垫上直立水准尺作为前视尺。

2)在 A 点和 TP_1 两点大致中间位置安置水准仪，使圆水准器气泡居中。

3)瞄准后视尺，读取后视读数 $a_1 = 1.339$ m，记入表 2-1 第 3 栏内。

4)瞄准前视尺，读取前视读数 $b_1 = 1.402$ m，记入表 2-1 第 4 栏内。计算该站高差 $h_1 = a_1 - b_1 = -0.063$ m，记入表 2-1 第 5 栏内。

5)将 A 点水准尺移至转点 TP_2 上，转点 TP_1 上的水准尺不动，将水准仪移至 TP_1 和 TP_2 两点大致中间位置，按上述相同的操作方法进行第二站的观测。如此依次操作，直至终点 B 为止，其观测记录见表 2-1。

表 2-1 水准测量手簿

测站	站点	水准尺读数/m		高差/m		高程/m	备注
		后视读数	前视读数	+	-		
1	2	3	4	5		6	7
1	A	1.339	1.402		0.063	51.903	
2	TP_1	1.418	1.187	0.231			
3	TP_2	1.519	0.984	0.535			已知 A 点高程
4	TP_3	1.242	1.347		0.105		
5	TP_4	1.267	0.871	0.396			
计算	B Σ	6.785	5.791	0.994			
校核		$\sum a - \sum b = +0.994$ $\sum h = +0.994$					

(2)计算与计算检核。

1)每一测站都可测得前、后视两点的高差,即

$$h_1 = a_1 - b_1$$
$$h_2 = a_2 - b_2$$
$$\cdots\cdots$$
$$h_5 = a_5 - b_5$$

将上述各式相加,得

$$h_{AB} = \sum h = \sum a - \sum b$$

2)计算检核。为了保证记录表中数据的正确,应对记录表中计算的高差和高程进行检核,即后视读数总和减前视读数总和、高差总和、B 点高程与 A 点高程之差,这三个数字应相等。否则,计算有错。如表 2-1 所示:

$$\sum a - \sum b = 6.785 - 5.791 = +0.994 \text{(m)}$$
$$\sum h = +0.994 \text{ m}$$

(3)支水准线路成果计算。往测完成后,可立即进行返测,观测、记录、计算参照往测。往返测完成后,其计算如下:

1)画草图,如图 2-15 所示。

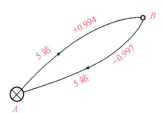

图 2-15 支水准线路草图

2)计算闭合差。

$$f_h = \sum h_往 + \sum h_返 = +0.994 - 0.997 = -0.003(m) = -3(mm)$$

3)计算闭合差允许值。

$$f_{h允} = \pm 12\sqrt{10} = \pm 37(mm)$$

$$f_h \leqslant f_{h允}$$

4)计算高差。

$$h = \frac{h_往 - h_返}{2} = \frac{0.994 + 0.997}{2} = 0.996(m)$$

5)计算高程。

$$H_B = H_A + h = 51.903 + 0.996 = 52.899(m)$$

4. 附合水准线路与闭合水准线路

图 2-16 所示为一附合水准线路，A、B 为已知高程的水准点，1、2、3 为待测高程点。现已知 $H_A = 45.286$ m，$H_B = 49.579$ m，各测段长度及高差均注于图 2-16 中，计算步骤如下(参见表 2-2)。

图 2-16 附合水准路线示意

(1)画草图，如图 2-16 所示。

(2)填写已知数据和观测数据。

对应图 2-16 中的点号，测段水准线路长度，观测高差及已知水准点 A、B 的高程填入附合水准线路成果计算表的有关各栏内，见表 2-2。

(3)计算闭合差及其允许值。用式(2-6)计算附合水准线路的闭合差。

$$f_h = \sum h - (H_终 - H_起) = 4.330 - (49.579 - 45.286) = +0.037 = 37(mm)$$

由式(2-8)可知，水准测量平地闭合差容许值的计算公式为：

$$f_{h容} = \pm 40\sqrt{L} = \pm 40\sqrt{7.4} = \pm 109(mm)$$

$f_h < f_{h容}$，说明观测成果精度符合要求，可对闭合差进行调整。如果 $f_h > f_{h容}$，说明观测成果不符合要求，必须重新测量。

(4)调整高差。高差调整的原则和方法，是按与测站数或测段长度成正比例的原则，将高差反号分配到各相应测段的高差上，得到改正后的高差，计算公式如下：

$$v_i = -\frac{f_h}{\sum l_i} \cdot l_i \tag{2-10}$$

$$v_i = -\frac{f_h}{\sum n_i} \cdot n_i \tag{2-11}$$

本例中用式(2-10)按测段长度来分配，各测段改正数为

$$v_1 = -(f_h/\sum l_i) \times l_1 = -(37 \text{ mm}/7.4 \text{ km}) \times 1.6 \text{ km} = -8 \text{ mm}$$

$$v_2 = -(f_h/\sum l_i) \times l_2 = -(37 \text{ mm}/7.4 \text{ km}) \times 2.1 \text{ km} = -11 \text{ mm}$$

$$v_3 = -(f_h/\sum l_i) \times l_3 = -(37 \text{ mm}/7.4 \text{ km}) \times 1.7 \text{ km} = -8 \text{ mm}$$

$$v_4 = -(f_h/\sum l_i) \times l_4 = -(37 \text{ mm}/7.4 \text{ km}) \times 2.0 \text{ km} = -10 \text{ mm}$$

计算检核　　$\sum v_i = -f_h$

将各测段高差改正数填入表 2-2 中第 4 栏内。

(5)计算各测段改正后高差。各测段改正后高差等于各测段观测高差加上相应的改正数，各测段改正数的总和应与高差的大小相等，符号相反，否则说明计算有误。每测段高差加相应的改正数便得到改正后的高差。

本例中，各测段改正后的高差为

$$h_1 = +2.331 \text{ m} + (-0.008 \text{ m}) = 2.323 \text{ m}$$

$$h_2 = +2.813 \text{ m} + (-0.011 \text{ m}) = 2.802 \text{ m}$$

$$h_3 = -2.244 \text{ m} + (-0.008 \text{ m}) = -2.252 \text{ m}$$

$$h_4 = +1.430 \text{ m} + (-0.010 \text{ m}) = +1.420 \text{ m}$$

计算检核　　$\sum v_i = 37 \text{ mm}, -f_h = -(-37 \text{ mm}) = 37 \text{ mm}$

将各测段改正后的高差填入表 2-2 中第 5 栏内。

表 2-2　附合水准路线成果计算表

点号	距离/km	实测高差/m	改正数/mm	改正后的高差/m	高程/m
1	2	3	4	5	6
BM_A					45.286
	1.6	+2.331	-8	+2.323	
1					47.609
	2.1	+2.813	-11	+2.802	
2					50.411
	1.7	2.244	-8	-2.252	
3					48.159
	2.0	+1.430	-10	+1.420	
BM_B					49.579
$\sum$	7.4	+4.330	-37	+4.293	
辅助计算	\multicolumn{5}{l}{$f_h = \sum h - (H_B - H_A) = 4.330 \text{ m} - (49.579 \text{ m} - 45.286 \text{ m}) = +0.037 \text{ m} = 37 \text{ mm}$ $f_{h容} = \pm 40\sqrt{L} = \pm 40\sqrt{7.4} = \pm 109 (\text{mm}); f_h < f_{h容}$}				

(6)计算待定点高程。根据已知水准点 A 的高程和各测段改正后的高差,即可依次推算出各待定点的高程,最后推算出的 B 点高程应与已知 B 点的高程相等,以此作为计算检核。将推算出各待定点的高程填入表 2-2 中第 6 栏内。

5. 闭合水准线路成果计算

闭合水准线路与附合水准线路基本相同,不同之处是闭合线路的起点与终点是同一点,闭合差计算公式为

$$f_h = \sum h_\text{测}$$

2.3 三、四等水准测量

2.3.1 三、四等水准测量的技术要求

三、四等水准测量常用于建立工程的首级高程控制,线路中已知点的高程一般引自国家一、二等水准点,多采用附合水准线路。三、四等水准点应选在土质坚硬并便于长期保存和使用方便的地方。所有的水准点都埋设好水准点标石并绘"点之记"图,以便于观测时寻找和使用。一个测区一般至少埋设三个以上的水准点,水准点的间距一般为 1~1.5 km。

三、四等水准测量的主要技术要求,应符合表 2-3 的规定。水准观测应在水准点标石埋设稳定后进行,观测精度除对仪器的技术参数有具体规定外,对观测程序、操作方法、视线长度都有严格的技术指标。其主要技术要求应符合表 2-4 的规定。

表 2-3 水准测量的主要技术指标

等级	每千米高差中数中误差 /mm	附合线路长度 /km	水准仪的级别	测段往返测高差不符值 /mm	附合水准线路或闭合水准线路闭合差/mm
二等	≤±2	400	DS$_1$	≤±4$\sqrt{R}$	≤±4$\sqrt{L}$
三等	≤±6	45	DS$_3$	≤±12$\sqrt{R}$	≤±12$\sqrt{L}$
四等	≤±10	15	DS$_3$	≤±20$\sqrt{R}$	≤±20$\sqrt{L}$
图根	≤±20	8	DS$_{10}$		≤±40$\sqrt{L}$

注:R 为测段长度,L 为附合水准线路或闭合水准线路长度,均以 km 为单位。

表 2-4 三、四等水准测量测站技术要求

等级	视线长度 /m	前、后视距差 /m	前、后视距累计差 /mm	红、黑面读数差 /mm	红、黑面所测高差之差 /mm
三等	≤65	≤3	≤6	≤2	≤3
四等	≤80	≤5	≤10	≤3	≤5

2.3.2 三、四等水准测量的施测方法

三、四等水准测量观测应在通视良好、望远镜成像清晰及稳定的情况下进行。下面介绍双面尺法的观测程序。

1. 一测站的观测程序

(1)在测站安置水准仪,粗平,照准后视标尺黑面,读取上、下视距丝读数,记入表2-5中(1)、(2)位置;精平后读取中丝读数,记入表中(3)位置。

(2)照准前视标尺黑面,读取上、下视距丝读数,记入表中(4)、(5)位置;精平后读取中丝读数,记入表中(6)位置。

(3)照准前视标尺红面,精平后读取中丝读数,记入表中(7)位置。

(4)照准后视标尺红面,精平后读取中丝读数,记入表中(8)位置。

以上观测顺序简称为后、前、前、后。

2. 测站计算与检核

(1)视距计算与检核。根据前、后视的上、下丝读数计算前、后视的视距(9)和(10):

$$后视距离(9)=\{(1)-(2)\}\div 10;\quad 前视距离(10)=\{(4)-(5)\}\div 10$$

计算前、后视距差(11):

$$(11)=(9)-(10)$$

对于三等水准测量,(11)不超过3 m;对于四等水准测量,(11)不超过5 m。

计算前、后视视距累积差(12):

$$(12)=上站(12)+本站(11)$$

对于三等水准测量,(12)不超过6 m;对于四等水准测量,(12)不超过10 m。

(2)水准尺读数检核。同一水准尺黑面与红面读数差的检核:

$$(13)=(6)+K-(7);\quad (14)=(3)+K-(8)$$

K 为双面水准尺的红面分划与黑面分划的零点差(本例中,106尺的 $K=4\ 787$ mm,107尺的 $K=4\ 687$ mm)。

对于三等水准测量,(13)、(14)不超过2 mm;对于四等水准测量,(13)、(14)不超过3 mm。

(3)高差计算与检核。按前、后视水准尺红、黑面中丝读数分别计算一个测站高差:

$$黑面高差(15)=\{(3)-(6)\}\div 1\ 000;\quad 红面高差(16)=\{(8)-(7)\}\div 1\ 000$$

$$红、黑面高差之差(17)=(15)-\{(16)\pm 0.1\}=(14)-(13)$$

对于三等水准测量,(17)不超过3 mm;对于四等水准测量,(17)不超过5 mm。

红、黑面高差之差在容许范围以内时,取其平均值作为该站的观测高差:

$$(18)=\{(15)+(16)\}/2$$

(4)每页水准测量记录计算检核。

高差检核:$\sum(3)-\sum(6)=\sum(15)$

$$\sum(8)-\sum(7)=\sum(16)$$

$$\sum(15)+\sum(16)=2\sum(18)$$

视距差检核：$\sum(9)-\sum(10)=$ 本页末站(12)—前页末站(12)

本页总视距：$\sum(9)+\sum(10)$

表 2-5　三、四等水准测量观测手簿

测站编号	点号	后尺 上丝 下丝 后视距 视距差	前尺 上丝 下丝 前视距 $\sum d$	方向及尺号	水准尺读数 黑面	水准尺读数 红面	$K+$黑$-$红 /mm	平均高差 /m
		(1) (2) (9) (11)	(4) (5) (10) (12)	后尺 前尺 后—前	(3) (6) (15)	(8) (7) (16)	(14) (13) (17)	(18)
1	BM_2 | TP_1	1 426 0 995 43.1 +0.1	0 801 0 371 43.0 +0.1	后 106 前 107 后—前	1 211 0 586 +0.625	5 998 5 273 +0.725	0 0 0	+0.625 0
2	TP_1 | TP_2	1 812 1 296 51.6 −0.2	0 570 0 052 51.8 −0.1	后 107 前 106 后—前	1 554 0 311 +1.243	6 241 5 097 +1.144	0 +1 −1	+1.243 5
3	TP_2 | TP_3	0 889 0 507 38.2 +0.2	1 713 1 333 38.0 +0.1	后 106 前 107 后—前	0 698 1 523 −0.825	5 486 6 210 −0.724	−1 0 −1	−0.824 5
4	TP_3 | BM_1	1 891 1 525 36.6 −0.2	0 758 0 390 36.8 −0.1	后 107 前 106 后—前	1 708 0 574 +1.134	6 395 5 361 +1.034	0 0 0	+1.134
计算检核		$\sum(9)=169.5$ $\sum(10)=169.6$ $\sum(9)-\sum(10)=-0.1$ $\sum(9)+\sum(10)=339.1$		$\sum(3)=5.171$ $\sum(6)=2.994$ $\sum(15)=+2.177$ $\sum(15)+\sum(16)=+4.356$		$\sum(8)=24.120$ $\sum(7)=21.941$ $\sum(16)=+2.179$ $2\sum(18)=+4.356$		

2.4 设计高程测设

2.4.1 设计高程测设介绍

根据附近水准点,将设计高程测设到现场作业面上,称为已知高程测设。在建筑设计与施工中,为了计算方便,一般将建筑物的一楼室内地坪用±0.000 表示,基础、门窗等的标高都是以±0.000 为依据确定的。

假设从设计图纸上查得±0.000 高程为 H_0,而附近水准点 A 点高程为 H_A,现欲将 H_0 测设到塔式起重机的基础 B 上。如图 2-17 所示,首先在距 A、B 两点等距离处安置水准仪,在 A 点立尺,读数为 a,则水准仪视线高 $H_i = H_A + a$。根据视线高和±0.000 高程 H_0 计算 B 尺读数:

$$b = H_i - H_0 \tag{2-12}$$

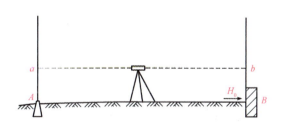

图 2-17 设计高程测设

然后将水准尺靠紧塔式起重机基础 B 上、下移动,当尺上读数为 b 时,沿尺底在基础上画线,此线就是要测设的高程。

当向较深的基坑或较高的建筑物上测设已知高程时,水准尺长度不够,可利用钢尺向下或向上引测。

如图 2-18 所示,要在基坑 B 点测设高程 $H_{设}$,地面上有一水准点 A,其高程为 H_A。测设时在基坑一边架设吊杆,杆上吊一根零点向下的钢尺,钢尺下端挂上重锤且放入水中。在地面和坑底各安置一台水准仪,地面水准仪在 A 点标尺上读数为 a_1,在钢尺上读数为 b_1。坑底水准仪在钢尺上读数为 a_2。B 点读数应为

$$b_2 = (H_A + a_1) - (b_1 - a_2) - H_{设} \tag{2-13}$$

在 B 点处上、下移动标尺,直至标尺上读数为 b_2,在尺底画线,测设 $H_{设}$。用同样的方法可以由低处向高处测设已知高程。

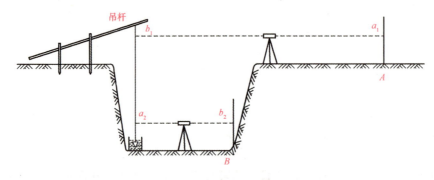

图 2-18 深基坑高程测设

2.4.2 设计坡度直线的测设

在工程测量中,常用设计坡度直线测设以控制坡度。设计坡度直线测设实际就是连续测设一系列的坡度桩,使之构成设计坡度。

如图 2-19 所示,A 点高程已测设出来,为已知值 H_A,A、B 两点之间的距离为 D,现在要从 A 点沿 AB 方向测设出坡度为 i 的直线。

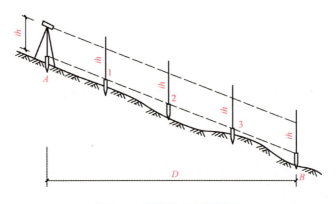

图 2-19 设计坡度直线测设

测设时,先计算 B 点高程:

$$H_B = H_A + iD \tag{2-14}$$

然后测设 B 点高程。此时 AB 直线的坡度即 i,随后在 A 点安置水准仪,使一个脚螺旋在 AB 方向线上,另两个脚螺旋连线大致与 AB 垂直,量取仪器高为 ih,用望远镜照准 B 点水准标尺,转动 AB 方向线上的脚螺旋,使 B 点水准标尺的读数为 ih,这时仪器的视线即平行于设计坡度的直线。最后沿视线方向分别测设 1、2、3 点,使三点标尺读数为 ih。这样各桩顶的连线就是一条坡度为 i 的直线。若设计坡度较大,可先利用式(2-14)计算出每个桩的高程,依次测设,也可先用水准仪测设 A、B 两点,再使用经纬仪完成 1、2、3 点的测设。

思考与练习

1. 水准仪应用于哪些工程？

2. 如图 2-20 所示，为了测量楼顶 B 处的高程，在 C 处搭架子并吊钢尺，钢尺底部吊铅锤且浸入水中，在楼下安置水准仪测量，A 点标尺读数为 1.510 m，钢尺上的读数为 9.782 m，在楼顶安置水准仪测量，钢尺读数为 0.506 m，B 处标尺读数为 1.337 m，请计算 A、B 两点的高差。

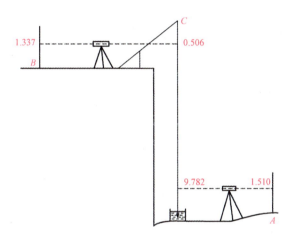

图 2-20 测量楼顶高程

3. 将图 2-21 中的数据填入水准测量记录表格，并计算 B 点的高程。

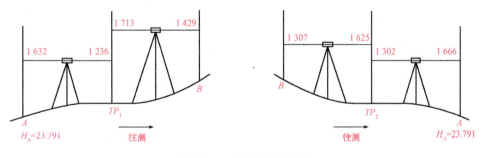

图 2-21 支水准线路计算

4. 根据图 2-22 计算 C、D、E 三点的高程，图中高差、高程均以 m 为单位。

图 2-22 附合水准线路计算

5. 根据图 2-23 计算 C、D、E 三点的高程，图中高差、高程均以 m 为单位。

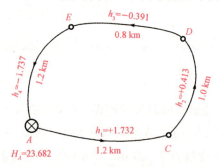

图 2-23 闭合水准线路计算

6. 如果施工区域内需要测设一条 50 线，高程为 H_{50}；施工区域外有一已知高程点 A，高程为 H_A，应如何完成任务？

第 3 章 全站仪及其应用

全站仪可以直接测量角度和距离，在此基础上可以进行高程测量、坐标测量、高程测设、点位测设等。另外，全站仪还有其他快捷的工程应用。

3.1 全站仪简介

全站仪的品牌种类较多，但大同小异。本书以广州南方测绘科技股份有限公司的 NTS-340 系列全站仪为基础介绍。

3.1.1 仪器特点

NTS-340 系列全站仪具备丰富的测量程序，采用触摸屏与按键结合，支持 SD 存储卡、优盘、蓝牙等。其适用于各种专业测量和工程测量。仪器、棱镜如图 3-1 和图 3-2 所示。

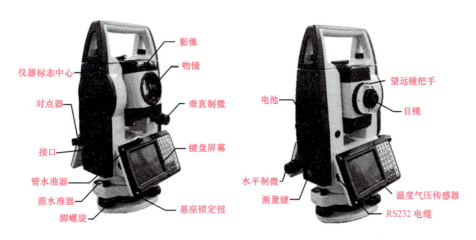

图 3-1 NTS-340 系列全站仪

图 3-2 全站仪配套棱镜

3.1.2 仪器操作键

全站仪操作键盘如图 3-3 所示，对应功能见表 3-1。

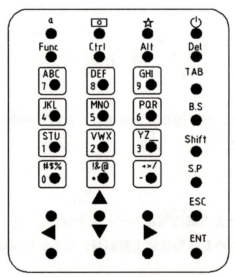

图 3-3 全站仪操作键盘

表 3-1 全站仪键盘功能

按键	功能	按键	功能
α	输入字符时，在大、小写输入之间进行切换	Shift	在输入字符和数字之间进行切换
▣	打开软键盘	S.P	空格键
★	打开和关闭快捷功能菜单	ESC	退出键
⏻	电源开关，短按切换不同标签页，长按开关电源	ENT	确认键
Func	功能键	▲▼◀▶	在不同的控件之间进行跳转或者移动光标

续表

按键	功能	按键	功能
Ctrl	控制键	0~9	输入数字和字母
Alt	替换键	—	输入负号或者其他字母
Del	删除键	.	输入小数点
TAB	使屏幕的焦点在不同的控件之间切换	测量键	在特定界面下触发测量功能(此键在仪器侧面)
B.S	退格键	—	—

3.1.3 基本操作

1. 全站仪对中和整平

(1)将三脚架拉伸到适当高度,确保三条腿等长,打开并使三脚架顶面近似水平,且位于测站点的正上方,使其中一条腿固定。

(2)将仪器安置到三脚架上,拧紧中心连接螺旋。开机后,按"★"键或屏幕上的"★"图标,选择激光对点器,打开激光对点。双手握住另外两条未固定的架腿,根据对点器光斑调节两条腿的位置。当光斑大致对准测站点时,固定三脚架的三条腿。调节全站仪的三个脚螺旋,使激光对点器光斑精确对准测站点。

(3)调整三脚架三条腿的高度,使全站仪圆水准器气泡居中。

(4)松开水平制动螺旋,转动仪器,使管水准器平行于某一对脚螺旋 AB 的连线。通过旋转脚螺旋 A、B 使管水准器气泡居中。然后将仪器旋转 $90°$,使水准管垂直于脚螺旋 AB 的连线。旋转脚螺旋 C,使管水准器气泡居中。

(5)松开连接螺旋,平移全站仪,使对点器光斑精确对准测站点,拧紧中心连接螺旋,再精平全站仪。观察光斑位置,重复上述操作,直至严格对中整平为止。

(6)按"ESC"键退出,关闭激光对点器。

2. 望远镜调焦与照准

(1)将望远镜对准天空或其他明亮背景,旋转目镜调焦螺旋,使十字丝清晰;

(2)利用粗瞄准器内的三角形标志的顶尖瞄准目标,拧紧水平制动和垂直制动螺旋;

(3)转动望远镜物镜调焦螺旋,使目标成像清晰,旋转水平微动和垂直微动螺旋,精确照准目标。

当眼睛在目镜端上、下或左、右移动,十字丝与目标有相对移动时,存在视差,应仔细调焦以消除视差。

3. 棱镜安置

如果棱镜在基座上,安置同样需要对中整平,但棱镜是光学对中器,其步骤如下:

(1)将三脚架拉至合适高度,打开放置在照准点上方,安置棱镜基座并拧紧脚架连接螺旋;

(2)调节光学对中器目镜,使视场中的小黑圈清晰,然后调节对中器物镜,使视场中地面清晰;

(3)手握三脚架的两只脚,移动基座,使视场中的小黑圈对准地面点,大致对中;

(4)固定三脚架,然后升降三脚架,使圆水准器气泡居中;

(5)拧松三脚架连接螺旋,平移基座严格对中,随后拧紧;

(6)旋转棱镜基座,使管水准器平行于两脚螺旋连线,旋转脚螺旋,使管水准器精平,然后转动棱镜90°,旋转第三个脚螺旋,使管水准器精平;

(7)检查对中整平,重复(5)、(6)两步,直至全站仪严格对中整平,完成棱镜安置。

如果棱镜安置在棱镜杆上,则棱镜安置步骤如下:

(1)打开棱镜架,调整到合适高度和角度,然后拧紧固定螺丝固定棱镜杆,确保稳固后将棱镜安装到棱镜杆上;

(2)将棱镜杆底部的尖尖对准地面点,双手紧握调节把手,使棱镜杆的圆水准器气泡居中;

(3)转动棱镜,对准测站点仪器。

3.2 角度测量

3.2.1 水平角测量

水平角测量是全站仪的基本功能,测量方法有测回法和方向法。

1. 测回法

测回法是水平角测量的一种基本方法。其适用于观测两个方向的单角。

根据误差理论,同一角度一般需测多个测回,为了减小度盘分划误差的影响,各测回间应按$(180/n)°$的差值变换度盘的起始位置,n为测回数。通常,将第一测回度盘的起始位置配为0°。

如图3-4所示,欲测量AP和AB所构成的水平角,其操作步骤如下:

(1)将全站仪安置在测站点A,对中,整平。开机后选择"常规"选项测量,然后选择"角度测量"选项。图3-5中"V"是竖直度盘读数,"HL"是水平度盘读数,水平角测量读取"HL"或"HR"读数。

(2)盘左(竖盘在望远镜左边)照准左方目标P,单击屏幕上的"置盘"按钮,输入起始角值,检查照准后读出水平度盘读数$p_左$。顺时针转动仪器,照准右方目标B,读取水平度盘读数$b_左$。至此,完成上半测回,角值$\beta_左 = b_左 - p_左$。

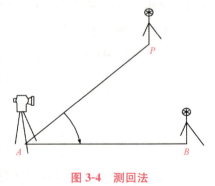

图3-4 测回法

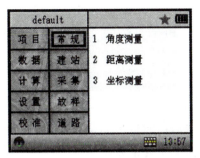
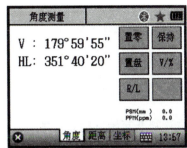

图 3-5　全站仪角度测量读数

(3)倒转望远镜，盘右(竖盘在望远镜右边)照准目标 B，读取水平度盘读数 $b_右$。逆时针转动仪器，照准目标 P，读取水平度盘读数 $p_右$。完成下半测回，角值 $β_右=b_右-p_右$。

上、下半测回构成一个测回。对于测角精度 6″级的全站仪，上、下半测回角值之差应不超过 ±36″，对于测角精度 2″级的全站仪，上、下半测回角值之差应不超过 ±13″，取 $β_左$、$β_右$ 的平均值作为该测回角值(表 3-2)。

表 3-2　水平角观测手簿(测回法)

测站	度盘位置	目标	水平度盘读数 /(° ′ ″)	半测回角值 /(° ′ ″)	上、下半测回角值互差 /(° ′ ″)	一测回角值 /(° ′ ″)	各测回平均角值 /(° ′ ″)
A	盘左	P	0　28　48	47　17　24	6	47　17　21	
		B	47　46　12				
	盘右	B	227　45　36	47　17　18			
		P	180　28　18				

2. 方向法

方向法适用于在同一测站上观测多个角度，即在观测方向多于两个时采用。如图 3-6 所示，O 点为测站点，A、B、C、D 为四个目标点，欲测定 O 点到各目标点之间的水平角，其观测步骤和计算记录如下：

(1)观测步骤。

1)将全站仪安置于测站点 O，对中，整平。

2)用盘左位置选定一距离适中、目标明显、成像清晰的 C 点作为起始方向(零方向)，配置水平度盘，在精确瞄准后读取读数。松开水平制动螺旋，顺时针方向依次照准 D、A、B 三个目标点，并读数，最后再次瞄准起始点 C，称为归零，并读数。以上为上半测回。两次瞄准 C 点的读数之差称为"归零差"。对于不同等级的仪器，限差要求不同，见表 3-3。

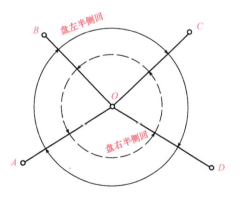

图 3-6　方向法

表 3-3　方向法的各项限差

测角精度	半测回归零差/(″)	一测回内 $2c$ 差/(″)	同方向值各测回归零差/(″)
2″	8	13	9
6″	18	60	24

3)用盘右位置瞄准起始目标 C，并读数。然后逆时针方向依次照准 B、A、D、C 各目标，并读数。以上称为下半测回，其归零差也应满足规定要求。

(2)记录计算。表 3-4 为方向法观测手簿，盘左各目标的读数从上往下记录，盘右各目标的读数从下往上记录。

表 3-4　方向法观测手簿

测回	测站	目标	水平度盘读数/(°′″)		$2c$ /(″)	平均读数 /(°′″)	一测回归零方向值 /(°′″)	各测回平均方向值 /(°′″)	角值 /(°′″)
			盘左	盘右					
1	2	3	4	5	6	7	8	9	10
第一测回	O					(0 00 34)			
		C	0 00 54	180 00 24	+30	0 00 39	0 00 00	0 00 00	79 26 55
		D	79 27 48	259 27 30	+18	79 27 39	79 27 05	79 26 59	63 03 30
		A	142 31 18	322 31 00	+18	142 31 09	142 30 35	142 30 29	146 15 18
		B	288 46 30	108 46 06	+24	288 46 18	288 45 44	288 45 47	71 14 13
		C	0 00 42	180 00 18	+24	0 00 30			
		Δ	−12	−6					
第二测回	O					(90 00 52)			
		C	90 01 06	270 00 48	+18	90 00 57	0 00 00		
		D	169 27 54	349 27 36	+18	169 27 45	79 26 53		
		A	232 31 30	42 31 00	+30	232 31 15	142 30 23		
		B	18 46 48	198 46 36	+12	18 46 42	288 45 50		
		C	90 01 00	270 00 36	+24	90 00 48			
		Δ	−6	−12					

1)归零差的计算。对起始目标，每一测回都应计算"归零差"Δ，并记入表格。一旦"归零差"超限，应进行重测。

2)两倍视准误差 $2c$ 的计算。

$$2c = 盘左读数 - (盘右读数 \pm 180°) \tag{3-1}$$

式(3-1)中，盘右读数大于 180°时则减去 180°，盘右读数小于 180°时则加上 180°。各目标的 $2c$ 值分别记入表 3-4 中第 6 栏。对于同一台仪器，在同一测回内，各方向的 $2c$ 值应为一个稳定数，若有变化，其变化值不应超过表3-3规定的范围。

3)各方向平均读数的计算为

$$平均读数=\frac{盘左读数+(盘右读数\pm180°)}{2} \tag{3-2}$$

计算时，以盘左读数为准，将盘右读数加或减180°后和盘左读数取平均值，其结果列入表3-4中第7栏。

4)归零后方向值的计算。将各方向的平均读数分别减去起始目标的平均读数，即得归零后的方向值。表3-4中C目标的平均读数为$\frac{0°00'39''+0°00'30''}{2}=0°00'34''$。

各方向归零后的方向值列入表3-4中第8栏。

5)各测回值归零后平均方向值的计算。当一个测站观测两个或两个以上测回时，应检查同一方向各测回的方向值互差。互差要求见表3-3。当检查结果符合要求时，取各测回同一方向归零后的方向值的平均值作为最后结果，列入表3-4中第9栏。

6)水平角的计算。两方向的方向值之差，即其所夹的水平角，计算结果列入表3-4中第10栏。

当需要观测三个方向时，也可以不作归零观测，其他均与三个以上方向法相同。方向法有三项限差要求，见表3-3。任何一项限差超限，均应重测。

3.2.2 竖直角测量

用全站仪测量水平角时，照准目标是以十字丝竖丝为准，而竖直角测量则是以十字丝横丝为准。用全站仪测量竖直角时还需要进行相关设置。如图3-7所示，选择"设置"→"角度相关设置"选项，将"垂直零位"设置为"天顶零"，将"倾斜补偿"设置为"X-Y开"。

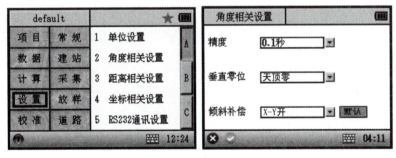

图3-7 全站仪设置

1. 竖直角测量步骤

(1)将全站仪安置到测站点，对中，整平；

(2)盘左照准目标，读取竖盘读数L(图3-5中的"V"值)；

(3)盘右照准同样位置，读取竖盘读数R。

2. 竖直角计算

根据图3-8可知：

$$\left.\begin{array}{l}\alpha_L = 90° - L \\ \alpha_R = R - 270°\end{array}\right\} \tag{3-3}$$

竖直角和指标差分别为

$$\left.\begin{array}{l}\alpha = \dfrac{1}{2}(\alpha_L + \alpha_R) \\ x = \dfrac{1}{2}(\alpha_L - \alpha_R)\end{array}\right\} \tag{3-4}$$

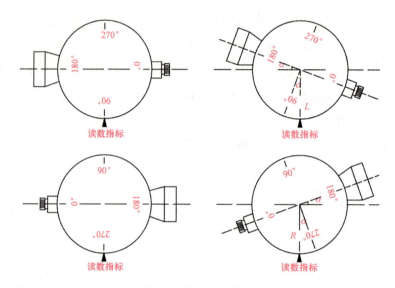

图 3-8 竖直度盘读数

指标差是读数指标位置不正确引起的误差，属于系统误差。指标差互差作为观测成果的评价指标，对于测角精度 2″级的全站仪不得超过±15″，对于测角精度 6″级的全站仪不得超过±25″。

3. 竖直角记录

竖直角记录手簿见表 3-5。

表 3-5 竖直角记录手簿

测站	目标	竖盘位置	竖盘读数 /(° ′ ″)	半测回竖直角 /(° ′ ″)	指标差	一测回竖直角 /(° ′ ″)
A	B	左	81 18 42	+8 41 18	−6	+8 41 24
		右	278 41 30	+8 41 30		
	C	左	124 03 30	−34 03 30	−12	−34 03 18
		右	235 56 54	−34 03 06		

3.3 距离测量

3.3.1 测距原理

脉冲式测距仪是通过测定电磁波在测线两端点往返传播的时间来计算待测距离的。例如，欲测定 A、P 两点之间的距离 D_{AP}，如图 3-9 所示，将测距仪安置在 A 点，将反射镜安置在 P 点，由仪器发出的电磁波经距离 D_{AP} 到达反射镜，经反射回到仪器。由于电磁波在大气中的传播速度 c 已知，在测出电磁波在 A、P 两点之间传播的时间 t_{2D} 之后，距离 D_{AP} 可按下式计算：

$$D_{AP} = \frac{1}{2} c t_{2D} \tag{3-5}$$

式中 c——电磁波在大气中的传播速度；

t_{2D}——电磁波在待测距离上的往返传播时间。

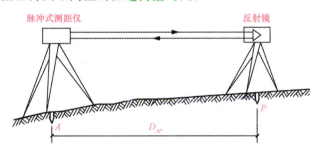

图 3-9 电磁波测距

脉冲式测距仪对时间的测定精度要求很高，因此，测量工作中多采用相位式测距仪。

相位式测距仪测量 A、P 两点之间的距离 D_{AP}，同样将测距仪安置在 A 点，将反射镜安置在 P 点，仪器发出的电磁波经距离 D_{AP} 到达反射镜，经反射回到仪器。在 2 倍的距离之内有 N 个整波和不足一个整波的部分，如图 3-10 所示，则有：

$$2D_{AP} = N\lambda + \Delta\lambda \tag{3-6}$$

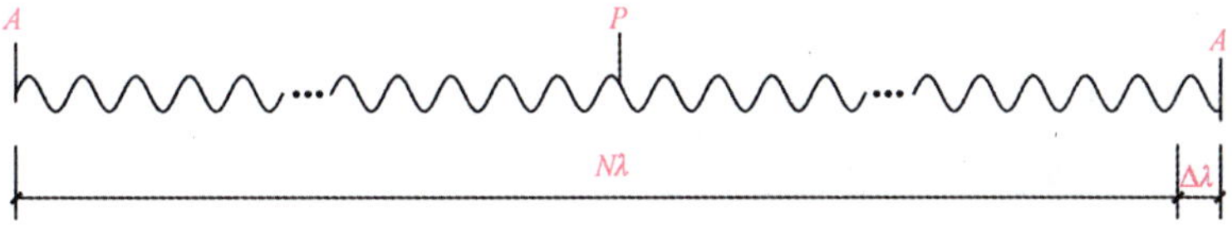

图 3-10 相位式测距

对测距仪而言，式(3-6)中的 N 无法确定，可以确定的只有 $\Delta\lambda$。因此没办法直接利用式(3-6)计算 D_{AP}，但调整电磁波的频率可以改变 λ 的值，因而 $\Delta\lambda$ 也会发生变化。λ 可以理解为测尺，测尺越长，测量精度越低，$\Delta\lambda$ 可以理解为不足一测尺的那部分长度。相位式测距仪的测距过程与以下例子相似。

现有 4 种测尺，长度和精度分别为：10 000 m 长，所测长度保证千米位准确；1 000 m 长，所测长度保证百米位准确；100 m 长，所测长度保证十米位准确；10 m 长，所测长度保证毫米位准确。

有两只笨狗熊，只能记住一个测量数据。现在指挥这两只狗熊完成测量 2 563.323 m 的距离。先给它们 10 000 m 长的测尺，它们测量该距离只需测 1 个读数，如数据为 2 480，此时千米位是准确的；其次给它们 1 000 m 长的测尺，它们测量该距离需测 3 个数据，它们只记住数据 550 m，此时百米位是准确的；再次给它们 100 m 长的测尺，它们测量该距离需测 26 个数据，它们只记住 61 m，此时十米位准确；最后给它们 10 m 长的测尺，它们测量该距离需测 257 个数据，它们只记住 3.323 m，此数据保证毫米位准确。笨狗熊记住的 4 个数据都是不足一测尺长度的那个数据，取第一个数据的千米位，取第二个数据的百米位，取第三个数据的十米位，再加上最后一个数据就完成了距离测量的任务。

相位式测距仪的测距过程跟上面的例子非常相似，调整频率，改变波长，分别记录不足整波长的部分，最后完成距离测量的任务。由此可知，测距仪的测程是一个重要指标，通常测程越长，仪器价格就越高。

3.3.2　全站仪距离测量

全站仪距离测量的步骤如下：

(1)将全站仪安置在测站点上，对中，整平；

(2)测量气温和气压，并输入全站仪进行气象 T-P 改正，有的全站仪可以感应气温和气压，自动加上该改正(图 3-11)；

(3)选择"常规"→"距离测量"选项，照准目标点上的棱镜，然后单击"测量"按钮，全站仪会显示"SD""HD""VD"，分别为斜距、平距和高距(图 3-12、图 3-13)。照准目标 1 次，读数 2~4 次的过程为一测回。测距的主要技术指标见表 3-6。

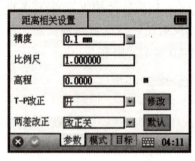

图 3-11　距离相关设置

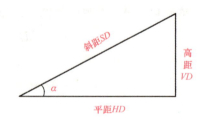

图 3-12　斜距、平距和高距

工程上一般采用中短程测距仪器，标称精度为

$$m_D = a + b \times D \tag{3-7}$$

式中　m_D——测距中误差(mm)；

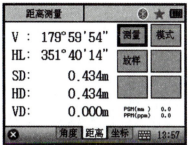

图 3-13 距离测量显示

a——标称精度中的固定误差(mm);
b——标称精度中的比例误差系数(mm/km);
D——测距长度(km)。

NTS-340 系列全站仪的测距精度为 2 mm+2 ppm,即 $a=2$ mm,$b=2$ mm/km。

表 3-6 测距的主要技术指标

等级	仪器精度等级	每边测回数		一测回读数较差/mm	单程各测回读数较差/mm	往返测距较差/mm
		往	返			
四级	5 mm 级仪器	2	2	≤5	≤7	≤2×($a+b×D$)
	10 mm 级仪器	3	3	≤10	≤15	
一级	10 mm 级仪器	2	—	≤10	≤15	—
二、三级	10mm 级仪器	1	—	≤10	≤15	

3.4 三角高程测量

3.4.1 三角高程测量步骤

下面介绍利用全站仪进行三角高程测量步骤,以图 3-14 所示为例:
(1)在 A 点安置全站仪,对中,整平,量取仪器高 i;
(2)在 B 点安置棱镜,对中,整平,量取(或读取)棱镜高 v;
(3)利用全站仪测量竖直角 α 和倾斜距离 S;
(4)利用式(3-8)计算两点高差和 B 点高程。

$$h_{AB}=S \cdot \sin\alpha+i-v$$
$$H_B=H_A+h_{AB}$$

(3-8)

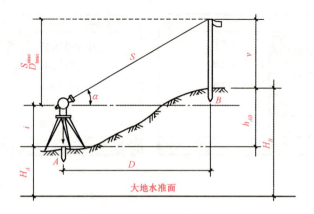

图 3-14 三角高程测量

3.4.2 快捷高程测量

如图 3-15 所示，在 A 点安置全站仪，量取仪器高 i，在 B、C 两点上使用同一高度 v 的棱镜杆，则有：

$$h_{AB} = S_1 \cdot \sin\alpha_1 + i - v \tag{3-9}$$

$$h_{AC} = S_2 \cdot \sin\alpha_2 + i - v \tag{3-10}$$

$$H_B = H_A + h_{AB} \tag{3-11}$$

$$H_C = H_A + h_{AC} \tag{3-12}$$

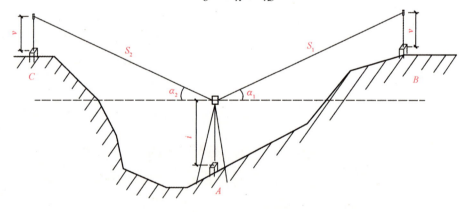

图 3-15 快捷高程测量

由图 3-12 知：

$$VD = SD \cdot \sin\alpha$$

则 B、C 两点的高差为

$$h_{BC} = H_C - H_B = h_{AC} - h_{AB} = S_2 \cdot \sin\alpha_2 - S_1 \cdot \sin\alpha_1$$

$$h_{BC} = VD_{AC} - VD_{AB} \tag{3-13}$$

由式(3-13)可知，在棱镜等高的情况下从全站仪读取高距就可得到两点的高差。注意 VD_{AC} 是前视高距，而 VD_{AB} 是后视高距。现将该方法仿照水准测量引入高程测量。如果 B、

C两点距离较近，使用同一棱镜（图3-15）即可，如果两点相距较远，可像水准测量一样通过增加中间转点来实施，实施时可使用两根等高的棱镜杆，但一定要设成偶数站，以减小误差的影响。

3.4.3 快捷高程测量实施

1. 观测步骤

不同全站仪操作略有差异，现以南方测绘仪器公司的NTS-340系列全站仪为例说明。

（1）在与前、后两点等距离处安置全站仪，整平；

（2）将自动补偿装置打开，单击"设置"按钮，然后选择"角度相关设置"选项，将"倾斜补偿"设置打开，选择"X-Y开"选项，如图3-16所示；

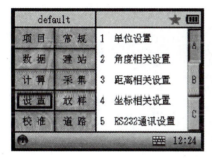 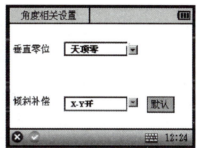

图3-16 高距测量设置

（3）单击"常规"按钮，选择"距离测量"选项，盘左、盘右分别照准后视点棱镜，单击"测量"按钮，读取水平距离和高距；

（4）盘左、盘右分别照准前视点棱镜，读取水平距离和高距，如图3-17所示。

 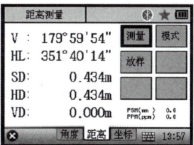

图3-17 全站仪距离读数

2. 记录计算

（1）观测记录。将全站仪照准后视点所测平距123.321和盘左、盘右高距－2.203分别填入表3-7中，并计算盘左、盘右高距的平均值，随后将全站仪照准前视点的数据也填入相应位置且计算前视高距平均值，用前视高距均值减去后视高距均值得到两点高差，填入高差栏。完成各站测量之后，进行求和计算，检核无误，将数据填入表3-8进行高差、高程计算。

表 3-7 快捷高程测量手簿

测站	点号	水平距离/km	后视高距/km		前视高距/km		高差/m	高程/m
			盘左/盘右	平均	盘左/盘右	平均		
1	2	3	4	5	6	7	8	9
1	BM_A	123.321	−2.203	−2.203	1.732	1.732	3.935	18.039
	B	118.587	−2.203		1.731			
2	B	87.135	0.256	0.256	0.187	0.187	−0.069	
	TP_1	88.632	0.256		0.187			
3	TP_1	93.155	1.519	1.519	−1.984	−1.984	−3.503	
	C	96.302	1.519		−1.984			
4	C	114.792	1.347	1.347	1.242	1.242	−0.105	
	D	115.377	1.347		1.243			
5	D	144.739	1.267	1.267	1.016	1.016	−0.251	
	BM_A	144.396	1.267		1.017			18.039
计算	∑	1 126.436	4.372	2.186	4.387	2.193	0.007	

(2) 成果计算。成果计算与水准测量一样，首先计算线路闭合差，然后计算闭合差允许值，确定观测成果合格后，将闭合差分配计算高差改正数，再计算改正后高差和各点的高程。精度标准也执行表 2-3、表 2-4 水准测量的标准，具体计算见表 3-8。

表 3-8 高差、高程成果计算表

点号	距离/km	实测高差/m	改正数/mm	改正后高差/m	高程/m
1	2	3	4	5	6
BM_A					18.039
	0.24	+3.935	−2	+3.933	
B					21.972
	0.37	−3.572	−2	−3.574	
C					18.398
	0.23	−0.105	−1	−0.106	
D					18.292
	0.29	−0.251	−2	−0.253	
BM_A					49.579
∑	1.13	+0.007			
辅助计算	$f_h = \sum h = +0.007 \text{ m} = +7 \text{ mm}$ $f_{h容} = \pm 40\sqrt{L} = \pm 40\sqrt{1.13} = \pm 42(\text{mm}); f_h < f_{h容}$				

3.5 坐标测量

3.5.1 基本的坐标计算

在本书中，两点的连线称为直线。直线有长度和方向两个属性。长度通常用两点之间的水平距离表示，如图 3-18 中的 D_{AB}；方向一般用直线与北方向的夹角表示，如图 3-18 中的 α_{AB}。

1. 坐标增量

两点的坐标差称为坐标增量，用 Δx 和 Δy 表示。图 3-18 中，A、B 两点的坐标增量为

$$\left. \begin{array}{l} \Delta x_{AB} = x_B - x_A \\ \Delta y_{AB} = y_B - y_A \end{array} \right\} \tag{3-14}$$

由图 3-18 知，坐标增量与长度、方向满足下列关系：

$$\left. \begin{array}{l} \Delta x_{AB} = D_{AB} \cdot \cos\alpha_{AB} \\ \Delta y_{AB} = D_{AB} \cdot \sin\alpha_{AB} \end{array} \right\} \tag{3-15}$$

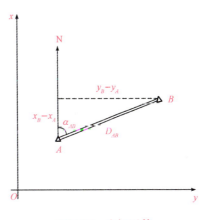

图 3-18 坐标反算

2. 坐标正、反算

（1）坐标反算。图 3-18 中，已知 A、B 两点坐标分别为 (x_A, y_A)、(x_B, y_B)，则 A、B 两点之间的水平距离为

$$D_{AB} = \sqrt{\Delta x_{AB}^2 + \Delta y_{AB}^2} \tag{3-16}$$

直线 AB 与北方向的夹角 α_{AB} 称为直线 AB 的方位角，是从 A 的北方向顺时针转至 AB 的角度。

$$\alpha_{AB} = \arctan\frac{\Delta y_{AB}}{\Delta x_{AB}} \tag{3-17}$$

结论：已知两点坐标可以计算直线的长度和方向，即水平距离和坐标方位角。

（2）坐标正算。图 3-19 中，已知 A 点坐标 (x_A, y_A)、A、P 两点之间的水平距离 D_{AP} 和直线 AP 的方位角 α_{AP}，则

$$\left\{ \begin{array}{l} x_P = x_A + D_{AP} \cdot \cos\alpha_{AP} \\ y_P = y_A + D_{AP} \cdot \sin\alpha_{AP} \end{array} \right. \tag{3-18}$$

结论：已知直线的长度和方向，则可以计算两点的坐标增量，进而计算未知点的坐标。

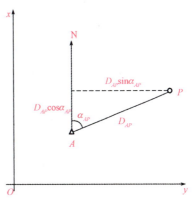

图 3-19 坐标正算

3.5.2 坐标测量的方法

1. 极坐标法

如图 3-20 所示，已知 A、B 两点坐标，欲求 P 点坐标，测量水平角 β 和水平距离 D_{AP}。首先，根据坐标反算计算 α_{AB}；其次，根据 α_{AB} 和 β 计算 α_{AP}；再次，利用 α_{AP}、D_{AP} 根据坐标正算计算 P 点坐标。

图 3-20 中 AB 相当于极轴，β 相当于极角，D_{AP} 相当于极距。如果 A、B 两点坐标分别为 (423.811,549.181)、(485.652,839.786)，单位为 m。测量出角度 β 为 27°44′11″，AP 长度 D_{AP} 为 284.402 m。

$$D_{AB}=\sqrt{(x_B-x_A)^2+(y_B-y_A)^2}=297.112 \text{ m}$$

$$\alpha_{AB}=\arctan\frac{y_B-y_A}{x_B-x_A}=78°59′12″$$

$$\alpha_{AP}=\alpha_{AB}-\beta=51°15′01″$$

$$x_P=x_A+D_{AP}\cdot\cos\alpha_{AP}=601.824 \text{ m}$$

$$y_P=y_A+D_{AP}\cdot\sin\alpha_{AP}=778.983 \text{ m}$$

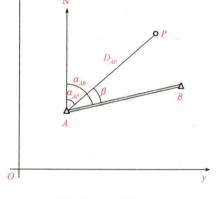

图 3-20 极坐标法

用全站仪以极坐标法进行坐标测量，以图 3-20 为例：

(1) 在 A 点安置全站仪，对中，整平；

(2) 开机后，新建项目，此项目用于存储坐标测量数据，项目名称可以用当天日期，如图 3-21 所示；

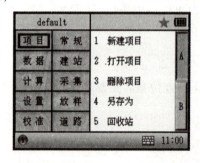 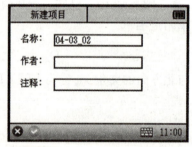

图 3-21 新建项目

(3) 选择"建站"→"已知点建站"选项，单击图 3-22 右图中"测站"后面的小三角按钮，选择"新建"选项，输入测站点 A 的点名、坐标和高程，输入仪器高；

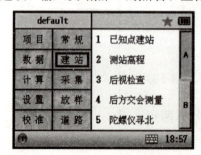 

图 3-22 全站仪建站

(4)单击图 3-22 中"后视点"后面的小三角按钮,选择"新建"选项,输入后视点 B 的点名、坐标和高程,输入棱镜高,照准后视点 B,单击"设置"按钮,完成全站仪定向;

(5)选择"常规"→"坐标测量"选项,单击"测量"按钮就可以进行坐标测量,也可以选择"采集"→"点测量"选项进行坐标测量与存储(图 3-23);

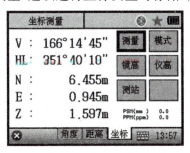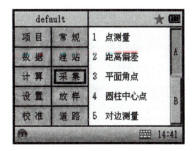

图 3-23　全站仪坐标测量

(6)选择"项目"→"导出"选项,选择所需数据格式,选择"U 盘"选项,可以将数据文件导出到 U 盘。

2. 前方交会法

如图 3-24 所示,为了求 P 点坐标,测量直线 AP、AB 和直线 BA、BP 所夹的水平角 β_1、β_2,则

$$\gamma = 180° - (\beta_1 + \beta_2) \tag{3-19}$$

由正弦定理,有:

$$D_{AP} = \frac{D_{AB}}{\sin\gamma}\sin\beta_2 \tag{3-20}$$

有了 D_{AP} 和 β_1,可以利用极坐标法计算 P 点坐标,也可以直接利用下列公式:

$$\left. \begin{array}{l} x_P = \dfrac{x_A \arctan\beta_2 + x_B \arctan\beta_1 + (y_B - y_A)}{\arctan\beta_1 + \arctan\beta_2} \\ y_P = \dfrac{y_A \arctan\beta_2 + y_B \arctan\beta_1 + (x_A - x_B)}{\arctan\beta_1 + \arctan\beta_2} \end{array} \right\} \tag{3-21}$$

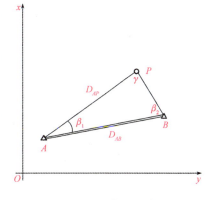

图 3-24　角度交会

式(3-21)对应图 3-24 中 A、B、P 的位置和角度,使用时应注意。角度交会法无须测量距离,因此可用于无法测距的情况。

3. 距离交会法

如图 3-25 所示,为了求 P 点坐标,测量 AP 和 BP 的长度 D_{AP}、D_{BP}。

根据余弦定理利用式(3-22)计算图中的 β,有了 D_{AP}、β 就可以利用极坐标法计算 P 点坐标。

$$\beta = \cos^{-1}\left(\frac{D_{AP}^2 + D_{AB}^2 - D_{BP}^2}{2 D_{AP} D_{AB}}\right) \tag{3-22}$$

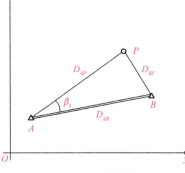

图 3-25　距离交会

上述方法可以用于 A、B 两点不通视的情况，选 P 点安置全站仪测量距离 D_{AP}、D_{BP}，可以计算 P 点坐标。

4. 导线测量法

前方交会法与距离交会法可以看作极坐标法的变异，导线测量法则是极坐标法的延伸，图 3-26 所示是一条简单的支导线，A、B 点坐标已知，P、Q 点坐标未知，测量角度 β_1、β_2 和距离 D_{AP}、D_{PQ}。可以理解为根据 A、B 点利用极坐标法求 P 点坐标，然后再根据 A、P 点利用极坐标法求 Q 点坐标。由于支导线缺少检核条件，所以一般不采用支导线（图 3-26）的形式，而是采用闭合导线（图 3-27）或附合导线（图 3-28）的形式。

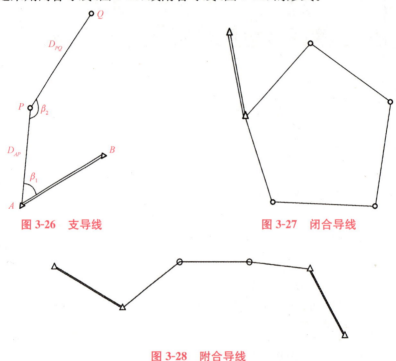

图 3-26　支导线　　　　　　图 3-27　闭合导线

图 3-28　附合导线

在建筑工程中，导线测量法通常采用一级导线、二级导线、三级导线和图根导线几个等级。其主要技术指标列入表 3-9 中，表中 n 为测角个数。

表 3-9　导线测量法的主要技术指标

等级	测图比例尺	导线全长/m	平均边长/m	往返测量相对中误差	测角中误差/(″)	导线全长相对闭合差	测回数 DJ$_2$	测回数 DJ$_6$	角度闭合差/(″)
一级导线		4 000	500	1/30 000	±5	1/15 000	2	4	$\pm 10\sqrt{n}$
二级导线		2 400	250	1/14 000	±8	1/10 000	1	3	$\pm 16\sqrt{n}$
三级导线		1 200	100	1/7 000	±12	1/5 000	1	2	$\pm 24\sqrt{n}$
图根导线	1∶500	500	75	1/3 000	±20	1/2 000		1	$\pm 60\sqrt{n}$
	1∶1 000	1 000	110						
	1∶2 000	2 000	180						

导线测量法外业包括踏勘选点、埋设标志、角度测量和距离测量等工作，选点要求相邻点之间要通视、点位稳定、易于观测。水平角测量和水平距离测量满足表 3-9 的要求。

3.5.3 导线坐标计算

图 3-29 中 A、B 点坐标已知，分别为(443.173，48.00)、(563.073，01.08)，为了得到 1、2、3 三点坐标，测量四边形的四个内角、四条边和连接角∠BA1。

1. 闭合导线计算

(1)计算起始方位角 $α_{A1}$。参照式(3-17)计算 $α_{AB}$，然后结合连接角计算 $α_{A1}$。

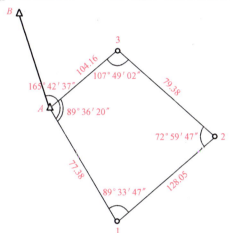

图 3-29 闭合导线计算

$$α_{AB} = \arctan \frac{\Delta y_{AB}}{\Delta x_{AB}} = 338°53'23''$$

$$α_{A1} = 338°53'23'' + 165°42'37'' - 360° = 144°36'00''$$

(2)计算角度闭合差和改正后的角值。具有 n 条边的闭合导线，内角总和理论上应满足下列条件：

$$\sum β_{理} = (n-2) \times 180° \tag{3-23}$$

设内角观测值的总和为 $\sum β_{测}$，则角度闭合差为

$$f_β = \sum β_{测} - (n-2)180° \tag{3-24}$$

角度闭合差是角度观测质量的检验条件，各级导线角度闭合差的允许值按表 3-9 的规定计算。若 $f_β \leq f_{β允}$，说明该导线水平角观测的成果可用；否则，应返工重测。

由于角度观测的精度是相同的，角度闭合差的调整往往采用平均分配原则，即将角度闭合差按相反符号平均分配到各角中(计算到秒)，其分配值称为角改正数 $V_β$，用下式计算：

$$V_β = -\frac{f_β}{n} \tag{3-25}$$

调整后的角值为

$$\beta = \beta_{测} + V_\beta \tag{3-26}$$

调整后的内角和应满足多边形内角和条件。

(3) 坐标方位角推算。坐标方位角推算是导线计算的重要步骤之一，图 3-30 中已知 α_{A1}，可以计算 α_{1A}，它们总是相差 180°，称为正反方位角，用于表达生活中去和来的方向。

$$\alpha_{1A} = \alpha_{A1} \pm 180° \tag{3-27}$$

有了 α_{1A} 就可以计算 α_{12}，在图 3-31 中

$$\alpha_{12} = \alpha_{1A} + 89°33'47'' - 360° \tag{3-28}$$

参照式(3-27)和式(3-28)可以计算其他边的方位角。对于图 3-29 中的闭合导线，按 $A-1-2-3-A-1$ 逆时针方向推算，多边形内角即导线前进方向的左角。

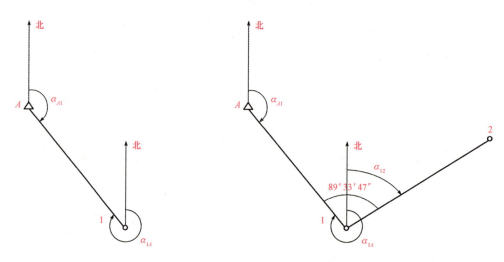

图 3-30　正反方位角　　　　　图 3-31　坐标方位角推算

(4) 坐标闭合差计算。根据坐标方位角和所测边长，可以根据式(3-15)计算坐标增量，对于闭合导线而言，其纵、横坐标增量代数和的理论值应分别等于零，即

$$\begin{cases} \sum \Delta X_{理} = 0 \\ \sum \Delta Y_{理} = 0 \end{cases} \tag{3-29}$$

量边的误差和角度闭合差调整后的残余误差，使由起点 A 出发，经过各点的坐标增量计算，其纵、横坐标增量的总和 $\sum \Delta X_{测}$、$\sum \Delta Y_{测}$ 都不等于零，这就存在着导线纵坐标增量闭合差 f_x 和横坐标增量闭合差 f_y。其计算式为

$$\begin{cases} f_x = \sum \Delta X_{测} \\ f_y = \sum \Delta Y_{测} \end{cases} \tag{3-30}$$

由于坐标增量闭合差 f_x、f_y 的存在，从导线点 A 出发，最后不是闭合到出发点 A，而是闭合到 A' 点，期间产生了一段差距 $A-A'$，这段差距称为导线全长闭合差 f_D。

$$f_D = \sqrt{f_x^2 + f_y^2} \tag{3-31}$$

导线全长闭合差是由测角误差和量边误差共同引起的,一般来说,导线越长,导线全长闭合差就越大。因此,要衡量导线的精度,可用导线全长闭合差 f_D 与导线全长 $\sum D$ 的比值来表示,得到导线全长相对闭合差(或称导线相对精度)K,且化成分子是1的分数形式:

$$K = \frac{f_D}{\sum D} = \frac{1}{\sum D / f_D} \tag{3-32}$$

不同等级的导线其导线全长相对闭合差有不同的限差,见表 3-9。当 $K \leqslant K_\text{允}$ 时,说明该导线符合精度要求,可对坐标增量闭合差进行调整。调整的原则是将 f_x、f_y 反符号与边长成正比例分配到各边的纵、横坐标增量中,即

$$\begin{cases} V_{xi} = -\dfrac{f_x}{\sum D} \times D_i \\ V_{yi} = -\dfrac{f_y}{\sum D} \times D_i \end{cases} \tag{3-33}$$

式中 V_{xi}、V_{yi}——第 i 条边的坐标增量改正数;

D_i——第 i 条边的边长。

计算坐标增量改正数 V_{xi}、V_{yi} 时,其结果应进行凑整,满足

$$\begin{cases} \sum V_{xi} = -f_x \\ \sum V_{yi} = -f_y \end{cases} \tag{3-34}$$

(5)导线点坐标计算。根据起始点的坐标和改正后的坐标增量 $\Delta X_i'$、$\Delta Y_i'$,可以依次推算各导线点坐标,即

$$\begin{cases} \Delta X_i' = \Delta X_i + V_{xi} \\ \Delta Y_i' = \Delta Y_i + V_{yi} \end{cases} \tag{3-35}$$

$$\begin{cases} X_{i+1} = X_i + \Delta X_i' \\ Y_{i+1} = Y_i + \Delta Y_i' \end{cases} \tag{3-36}$$

最后还应推算起始点的坐标,其值应与原有的数值一致,以作校核。将上述计算结果填入表 3-10。

表 3-10 闭合导线计算

点号	观测角 /(° ′ ″)	改正数 /(″)	改正角 /(° ′ ″)	方位角 /(° ′ ″)	距离 /m	增量计算值		改正后增量		坐标值	
						ΔX/m	ΔY/m	ΔX/m	ΔY/m	X/m	Y/m
1	2	3	4=2+3	5	6	7	8	9	10	11	12

续表

点号	观测角 /(° ′ ″)	改正数 /(″)	改正角 /(° ′ ″)	方位角 /(° ′ ″)	距离 /m	增量计算值 ΔX/m	增量计算值 ΔY/m	改正后增量 ΔX/m	改正后增量 ΔY/m	坐标值 X/m	坐标值 Y/m
A				144 36 00	77.38	−2 −63.07	−1 44.82	−63.09	44.81	443.17	348.00
1	89 33 47	+16	89 34 03	54 10 03	128.05	−3 74.96	−2 103.81	74.93	103.79	380.08	392.81
2	72 59 47	+16	73 00 03	307 10 06	79.38	−2 47.96	−1 −63.26	47.94	−63.27	455.01	496.60
3	107 49 02	+16	107 49 18	234 59 24	104.16	−2 −59.76	−2 −85.31	−59.78	−85.33	502.95	433.33
A	89 36 20	+16	89 36 36	144 36 00						443.17	348.00
1											
总和	359 58 56	+64	360 00 00		388.97	+0.09	+0.06	0.00	0.00		

辅助计算:

$$f_\beta = \sum \beta_{测} - \sum \beta_{理} = 359°58'56'' - 360° = -64''$$

$$f_{\beta容} = \pm 60\sqrt{4} = \pm 120''$$

$$f_x = \sum \Delta X = +0.09$$

$$f_y = \sum \Delta Y = +0.06$$

$$f_D = \sqrt{f_x^2 + f_y^2} = 0.11$$

$$K = \frac{f_D}{\sum D} = \frac{0.11}{388.97} = \frac{1}{3\,500} \leqslant \frac{1}{2\,000}$$

图略

2. 附合导线计算

附合导线计算方法与闭合导线计算方法基本相同，但计算条件的差异使角度闭合差与坐标增量闭合差的计算有所不同，现叙述如下：

图 3-32 所示为一附合导线，它的起始边与附合边皆已知，因此可按坐标反算公式计算 AB 和 CD 的方位角 α_{AB} 和 α_{CD}，即

$$\alpha_{AB} = \arctan \frac{y_B - y_A}{x_B - x_A}$$

$$\alpha_{CD} = \arctan \frac{y_D - y_C}{x_D - x_C}$$

(1) 角度闭合差的计算。附合导线的角度闭合条件是方位角条件，即由起始边的坐标方位角 α_{AB} 和左角 β_i，推算得附合边的坐标方位角 α'_{CD} 应与已知 α_{CD} 一致，否则，就存在角度闭合差。现以图 3-32 为例推算角度闭合差 f_β 如下：

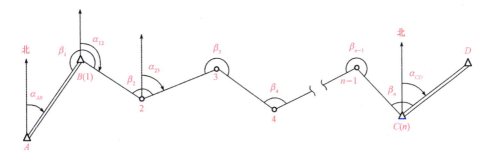

图 3-32 附合导线计算

$$\alpha_{12} = \alpha_{AB} + \beta_1 \pm 180°$$
$$\alpha_{23} = \alpha_{12} + \beta_2 \pm 180°$$
$$\cdots$$
$$\underline{\alpha'_{CD} = \alpha_{(n-1)n} + \beta_n \pm 180°}$$
$$\alpha'_{CD} = \alpha_{AB} + \sum \beta_{测} \pm n \times 180° \tag{3-37}$$

由式(3-37)算得的方位角应减去若干个 $360°$，使其角为 $0°\sim 360°$。

附合导线的角度闭合差为

$$f_\beta = \alpha'_{CD} - \alpha_{CD} \tag{3-38}$$

附合导线角度闭合差的允许值的计算公式及闭合差的调整方法，与闭合导线相同。

(2) 坐标增量闭合差的计算。附合导线的两个端点——起点 B 及终点 C，都是高一级的控制点，它们的坐标值精度较高，误差可忽略不计，故：

$$\left. \begin{array}{l} \sum \Delta X_{理} = X_{终} - X_{始} \\ \sum \Delta Y_{理} = Y_{终} - Y_{始} \end{array} \right\} \tag{3-39}$$

由于测角和量距含有误差，坐标增量不能满足理论上的要求，产生坐标增量闭合差，即

$$\left. \begin{array}{l} f_x = \sum \Delta X_{测} - \sum \Delta X_{理} = \sum \Delta X_{测} - (X_{终} - X_{始}) \\ f_y = \sum \Delta Y_{测} - \sum \Delta Y_{理} = \sum \Delta Y_{测} - (Y_{终} - Y_{始}) \end{array} \right\} \tag{3-40}$$

求得坐标增量闭合差后，闭合差的限差和调整以及其他计算与闭合导线相同。

3.6　全站仪用于测设

全站仪是施工放线的首选工具，可以进行角度测设、距离测设和点位测设。

3.6.1　角度测设

角度测设是将设计角度在工地现场以确定的点位进行标识。其测设步骤如下：

(1)安置全站仪在指定点上,对中,整平;

(2)盘左照准另一指定点,根据图纸明确全站仪旋转方向并单击"R/L"按钮(图 3-33)选择左或右单击;

(3)单击"置零"按钮,检查照准无误后,旋转全站仪观察水平度盘读数,配合水平微动直至显示角度为设计值,指挥相关人员在合适位置做标记;

(4)盘右照准同一指定点,单击"置零"按钮,旋转全站仪观察水平度盘,直至读数显示为设计值,指挥相关人员做标记,如果该标记与盘左所做标记不重合,取两标记的中间位置作为测设点,如果重合,则取盘左所做标记为测设点,这样测设点与两个指定点的夹角即测设角度;

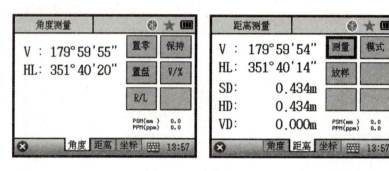

图 3-33　角度与距离测设

(5)用测回法测量上述三点的夹角,如果与设计角度差值不在规定范围内,应重新进行测设。

3.6.2　距离测设

(1)安置全站仪在指定点上,对中,整平;

(2)照准指定方向,指挥扶棱镜人员左、右移动,直至全站仪照准棱镜,按"放样"按钮全站仪会显示距离,根据该距离与测设距离差值指挥扶棱镜人员移动后,重新按"放样"按钮,直至显示平距等于测设距离后做标记;

(3)测量测站点与标记之间的距离,进行检查,无误后确认标记位置。

3.6.3　点位测设

点位测设通常在控制测量完成后进行,控制测量的方法可采用极坐标法、导线测量法等方法。作业面上控制点数量一般不少于 3 个,假定为 A、B、C。点位测设步骤如下:

(1)获取放样数据:从设计图纸上获取放点数据,如坐标。

(2)检查控制点:放样前先对控制点进行检查,检查无误后方可用于放线。

(3)现场放点:

1)将全站仪安置在控制点上,对中,整平,如果需要高程测设,量取仪器高;

2)参照图 3-34 新建项目,此项目用于存储坐标测量数据,项目名称可以用当天日期;

3)选择"建站"→"已知点建站"选项,单击图 3-35 中"测站"后面的小三角按钮,选择"新建"项目,输入测站点 A 的点名、坐标和高程,输入仪器高;

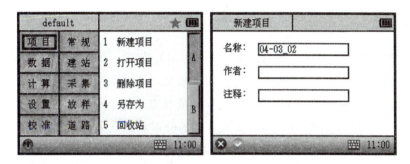

图 3-34　新建项目

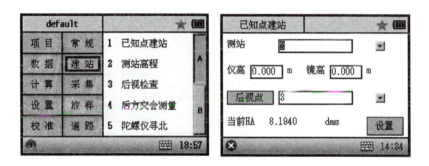

图 3-35　全站仪建站

4)单击图 3-35 中"后视点"后面的小三角按钮,选择"新建"选项,输入后视点 B 的点名、坐标和高程,输入棱镜高,照准后视点 B,单击"设置"按钮,完成全站仪定向;

5)选择"放样"→"点放样"选项,单击"点名"后面的小三角按钮,选择"新建"选项,输入放样点的点名、坐标和高程(图 3-36);

图 3-36　全站仪放样

6)根据全站仪提示方向旋转全站仪,配合水平微动直至显示角值为 0,然后指挥扶棱镜人员左、右移动至全站仪照准棱镜,然后单击"测量"按钮,全站仪会测量仪器至棱镜的距离并提示移远或移近棱镜,待扶棱镜人员移动后重新测量,直至提示角值和距离为 0,棱镜所在点位即测设点位。

(4)检核：测量刚刚放样点的坐标，如果与设计坐标吻合，确定该点点位。

3.6.4 数据格式转换

数据采集得到的数据可以直接导出为 CAD 适用的格式，而利用 CAD 获取的设计数据不能直接用于放线，必须经过处理才可以导入全站仪，具体操作如下：

(1)在 CAD 中，将要放样的文件打开，提取放样点坐标，可以利用列表命令 list 实施。如果是曲线可以先进行定距等分，然后提取各个等分点和端点坐标，如图 3-37 所示。

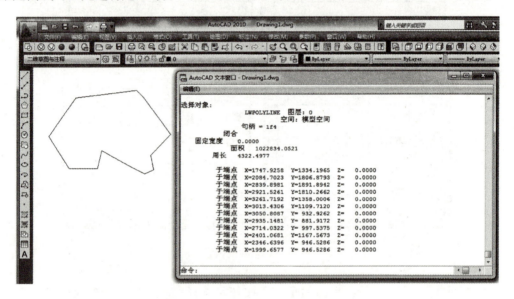

图 3-37 用命令 list 显示放样点数据

(2)将列表窗口的数据选中，复制，粘贴到记事本，并保存，如图 3-38 所示。

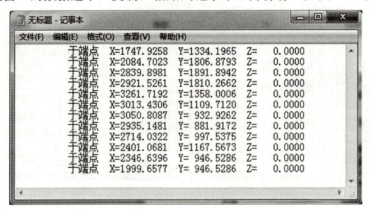

图 3-38 将数据粘贴至记事本(一)

(3)在 Excel 中将刚保存的文件打开，按文件导入向导提示，选择分隔符号，勾选空格和"其他：="，选择要导入的列之后导入数据，如图 3-39 所示。

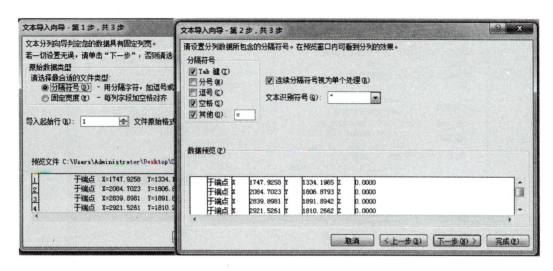

图 3-39　将数据粘贴至记事本(二)

(4)选择 Y 坐标列,单击"Ctrl＋X"组合键,选择 X 坐标的前面字符列,粘贴,将 X、Y 坐标两列位置互换,如图 3-40 所示。

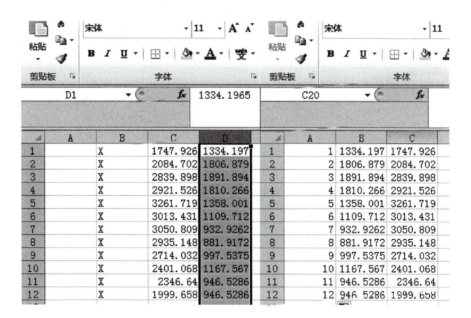

图 3-40　将数据粘贴至记事本(三)

(5)将文件另存为 CSV 类型。CSV 文件可以导入全站仪使用,如图 3-41 所示。

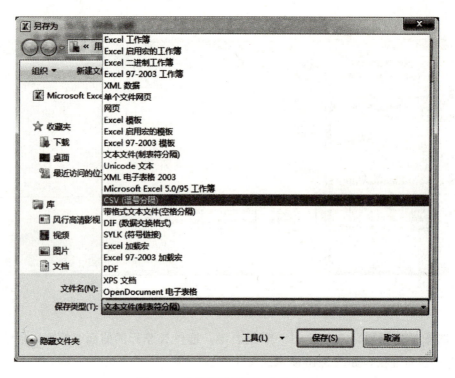

图 3-41 将数据粘贴至记事本(四)

思考与练习

1. 如图 3-42 所示，A、B 坐标分别为 (1 103.018，1 374.642)、(1 532.825，1 949.255)，A、C 两点之间的水平距离为 589.080 m，水平角 β 的测量数据如图 3-42 所示。请计算下列问题：

1)利用表 3-11 计算 β；
2)计算 C 点坐标。

表 3-11 水平角观测手簿(测回法)

测站	度盘位置	目标	水平度盘读数 /(° ′ ″)	半测回角值 /(° ′ ″)	上下半测回角值互差 /(° ′ ″)	一测回角值 /(° ′ ″)
	盘左					
	盘右					

2. 在图 3-43 中，为了测量某建筑高度，在 A 点安置全站仪分别照准顶部位置 T 和底部位置 B，分别测量竖直角，度盘读数见图，请根据图中数据计算该建筑高度。

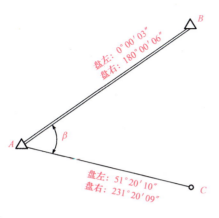

图 3-42 习题 1　　　　　　　　　　　图 3-43 习题 2

3. 在图 3-44 中，A、B、C 三点坐标为 A(560.298，887.815)、B(323.372，1 045.933)、C(359.658，1 349.350)，单位为 m，请计算 P 点坐标。

4. 题 3 中如果不测量水平角，而是测量 AP、BP、CP 的水平距离依次为 283.500 m、290.463 m、288.639 m，请计算 P 点坐标。

5. 在图 3-45 中，A 点坐标为(307.855，1 072.711)，请完成闭合导线计算，题中长度和坐标单位均为 m。

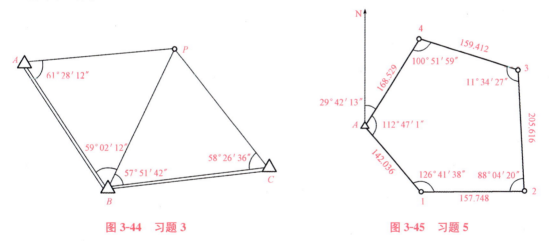

图 3-44 习题 3　　　　　　　　　　　图 3-45 习题 5

6. 在图 3-46 中，B、C 点坐标分别为(251.539，1 870.850)、(383.330，2 368.055)，请完成附合导线计算。题中长度和坐标单位均为 m。

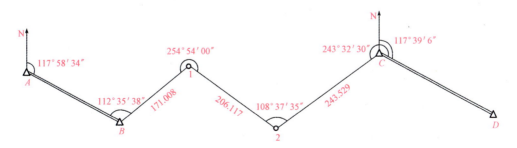

图 3-46 习题 6

第 4 章

GPS 及其应用

4.1 GPS 介绍

美国霍普金斯大学学者计算出苏联第一颗卫星轨道参数后，萌生了根据已知卫星轨道参数和卫星信号求解观测者地理位置的设想，由此开始了卫星导航的研制。历时 23 年、总投资 300 亿美元的全球定位系统 GPS 除具有军事用途外，还广泛用于民用。

GPS 卫星星座由 21 颗工作卫星和 3 颗在轨备用卫星组成。24 颗卫星均匀分布在 6 个轨道平面内，轨道平面的倾角为 55°，卫星的平均高度为 20 200 km，运行周期为 11 h58 min。卫星用无线电载波向广大用户连续不断地发送导航定位信号，导航定位信号中含有卫星的位置信息，使卫星成为一个动态的已知点。在地球的任何地点、任何时刻，在高度角 15°以上，平均可同时观测到 6 颗卫星，最多可达到 9 颗，如图 4-1 所示。

GPS 接收机可捕获按一定卫星高度截止角所选择的待测卫星的信号，跟踪卫星的运行，并对信号进行交换、放大和处理，求出 GPS 接收机中心(测站点)的三维坐标。

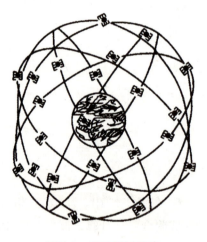

图 4-1 GPS 卫星星座

4.1.1 GPS 定位的基本原理

GPS 定位是根据测量中的距离交会定点原理实现的。如图 4-2 所示，在待测点 T_i 安置 GPS 接收机，在某一时刻同时接收到 3 颗(或 3 颗以上)卫星 S_1、S_2、S_3 所发出的信号。通过数据处理和计算，可求得该时刻接收机天线中心(测站点)至卫星的距离 ρ_1、ρ_2、ρ_3。根据卫星星历可查到该时刻 3 颗卫星的三维坐标 $(X_j, Y_j, Z_j)(j=1, 2, 3)$，从而由下式解算

出 T_i 点的三维坐标 (X, Y, Z)：

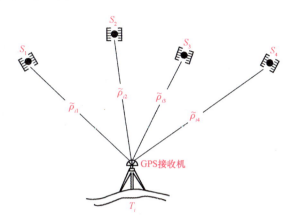

图 4-2　GPS 绝对定位原理

$$\left.\begin{aligned}\rho_1^2 &= (X-X_1)^2 + (Y-Y_1)^2 + (Z-Z_1)^2 \\ \rho_2^2 &= (X-X_2)^2 + (Y-Y_2)^2 + (Z-Z_2)^2 \\ \rho_3^2 &= (X-X_3)^2 + (Y-Y_3)^2 + (Z-Z_3)^2\end{aligned}\right\} \tag{4-1}$$

4.1.2　伪距测量和载波相位测量

图 4-2 中的 ρ 是卫星到地面接收设备的距离，简称"卫地距"。在全球定位系统中有两种方法得到卫地距：一种是利用测距码；另一种是利用载波相位。前者方便简单，但精度差，一般只能给出分米到米级的测距精度，后者精度高，能提供厘米到毫米级的测距精度，但存在整周模糊和周跳问题，因而进行数据处理时较为复杂。

1. 测距码与伪距测量

(1) 测距码。GPS 测距码是一种二进制码序列，是由码发生器产生的按某种规律编排起来的码序列，具有与随机码相似的自相关性和互相关性，是一种伪随机码。卫星和接收机可用同一方法生成两组结构完全相同的测距码。由于二进制码序列是在时钟信号的驱动下产生的，所以该组二进制码的码速率也与时钟信号的频率相同。例如，在时钟频率为 10.23 MHz 的时钟信号的驱动下产生的二进制码的码速率也为 10.23 Mb/s。每个码元所持续的时间为 $\Delta T = 1/10.23 \times 10^6 = 0.0977517\cdots(\mu s)$，当这组信号在真空中传播时，每个码元所对应的距离为 $\Delta T \cdot c = 293.052$ m。测距码输出信号如图 4-3 所示。

GPS 测距码有 C/A 码、P(Y) 码、L_2C 码、L_5 码、M 码，C/A 码是粗捕获码，由 1023 个码元组成。GPS 接收机能快速捕获 C/A 码，随后能解调出导航电文，进而捕获 P 码。C/A 码的测距精度为 1.5～3 m，P 码的测距精度提高了一个数量级。L_2C 码的测距精度与 C/A 码相同，但在树林等隐蔽地区更容易捕获，L_5 码的测距精度等同于 P 码，但在树林等隐蔽地区更容易捕获。M 码是美国军用码，对外不公开。

(2) 伪距测量。假定卫星时钟与接收机时钟均无误差，都与标准的 GPS 时钟严格同步，

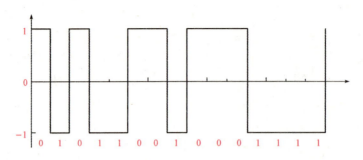

图 4-3　测距码输出信号表示

卫星在卫星时钟的控制下生成并播发某一结构的测距码，而接收机则在接收机钟的控制下产生同一结构的测距码，称为复制码。由卫星产生的测距码经 Δt 时间的传播后到达接收机并被接收，将复制码延迟一段时间 τ 后与接收到的卫星信号进行比对，直至这两组结构相同的信号完全对齐，复制码所延迟的时间 τ 就等于卫量信号的传播时间 Δt。将时间延迟 τ 与真空中的光速 c 相乘后即可求得伪距 ρ：

$$\rho = c \cdot \tau = c \cdot \Delta t \tag{4-2}$$

由于卫星时钟与接收时钟均存在误差，卫星信号通过电离层和对流层时传播速度也都会发生变化，并不是真空中的光速，所以利用式(4-2)求得的距离 ρ 并不是从卫星至接收机之间的真正的几何距离，故称为伪距。需对其进行各种必要的改正后才能将伪距换算成卫星至接收机间的几何距离。

2. 载波相位测量

伪距测量是利用测距码进行测距，测距精度一般为码元长度的 $1/1\,000 \sim 1/100$，精度低。载波波长为 $\lambda_1 = 19.0$ cm，$\lambda_2 = 24.4$ cm，$\lambda_5 = 25.5$ cm，利用载波进行卫星至接收机的距离测量，则精度要高 2~3 个数量级，早期精度为 2~3 mm，现在可以达到 0.2~0.3 mm。

图 4-4 所示为某一瞬间卫星发射至接收机的载波。由 N 个整波长和不足一个整波长的部分组成，则卫星至接收机的距离可以表示为

$$\rho = N\lambda + \Delta\lambda \tag{4-3}$$

但实际上接收机无法得到 N，只能得到 $\Delta\lambda$，所以无法直接利用式(4-3)计算 ρ。

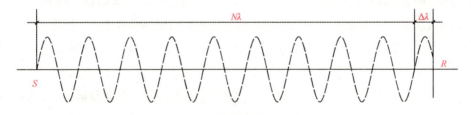

图 4-4　卫星至接收机的载波

接收机首次(观测历元 t_0)跟踪上卫星信号进行载波相位测量时，只能测量不足整周的那

部分，从卫星至接收机的整波段数 N 无法测定，该值就是整周模糊度。随着卫星的运动，卫星至接收机间的距离也在不断变化，但只要接收机一直锁定该卫星信号，就能用计数器把相位差变化过程中的整波段数记录下来，记为 N_1。理想情况下 t_1 历元可表示为式(4-4)。

$$\sqrt{(X_1^S-X^R)^2+(Y_1^S-Y^R)^2+(Z_1^S-Z^R)^2}=N\lambda+N_1\lambda+\Delta\lambda_1 \quad (4-4)$$

式中，接收机的坐标未知，N 未知，就有 4 个未知数。这样连续跟踪同一卫星 4 个历元，就可以得到 4 个方程，解算出 4 个未知数。

上述伪距测量和载波相位测量都是理想情况，实际测量时要考虑的因素很多，解算公式也复杂得多。

4.1.3 GPS 接收机

GPS 接收机是 GPS 测量体系的用户设备，可用于控制测量、数据采集和放样。本书以广州南方测绘科技股份有限公司生产的银河系列 GPS 接收机为例进行介绍，如图 4-5 所示，其由主机、手簿、电台、配件四大部分组成。

图 4-5 GPS 接收机

1. 主机

主机是主要的测量设备，呈圆柱状，高为 112 mm，直径为 129 mm，体积为 1.02 L，密封橡胶圈到底面高为 78 mm。主机前侧为按键和指示灯面板，如图 4-6、图 4-7 所示。仪器底部有电台和网络接口，以及条形码主机机身号。主机背面有电池仓和 SIM 卡卡槽。

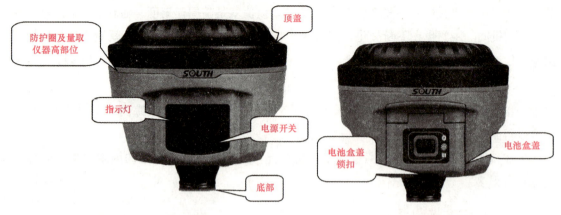

图 4-6　接收机主机正面　　　　　图 4-7　接收机主机背面

主机控制面板指示灯的含义见表 4-1。

表 4-1　主机控制面板指示灯的含义

指示灯	状态	含义
蓝牙	常灭	未连接手簿
	常亮	已连接手簿
信号/数据	闪烁	静态模式：记录数据时，按照设定采集间隔闪烁
		基准或移动模式：正在发射或接收到信号
	常灭	基准或移动模式：内置模块未能收到信号
卫星	闪烁	表示锁定卫星数量，每隔 5 s 循环一次
POWER	常亮	正常电压：内置电池在 7.4 V 以上
	闪烁	电池电量不足

2. 手簿

手簿是 GPS 接收机的主要控制和处理设备，拥有全字母、全数字键盘，配备高分辨率 3.5 英寸[①]液晶触摸屏，采用微软 Windows Mobile 操作系统，主要按键见表 4-2。手簿正面和背面如图 4-8 所示。

(a)　　　　　(b)

图 4-8　手簿正面和背面

(a)正面；(b)背面

---

① 1 英寸=0.025 4 米。

表 4-2 手簿主要按键

功能	按键
开机/关机	电源键
打开键盘背光灯	背光灯键
移动光标	光标键
同 PC 上 Shift 键的功能	〈Shift〉
输入空格	〈————〉空格键
输入数字或字母时，光标向左删除一位	〈Bksp〉
同 PC 上 Ctrl 键的功能	〈Ctrl〉
打开文件夹或文件，确认输入字符完毕	〈Enter〉
光标右移或下移一个字段	〈TAB〉
关闭或退出（不保存）	〈Esc〉
辅助启用字符输入功能	黄色 Shift
辅助启用功能键	蓝键
切换输入法状态	〈CTRL+SP〉
禁用或启用屏幕键盘	〈CTRL+ESC〉

4.2 GPS 静态定位

GPS 静态定位常用于控制测量，控制测量可以理解为一项提供基础数据的工作。

GPS 控制网具有精度高、选点灵活、建设成本低、作业周期短、工作强度低、可直接获得三维坐标等特点。其相对精度可达 $10^{-5} \sim 10^{-10}$ 范围，基本上取代了常规地面测量方法，成为控制网测量的主要技术手段。

4.2.1 GPS 定位的技术设计

技术设计是 GPS 定位的基础性工作，根据 GPS 控制网的用途和用户要求，依据有关规范及对 GPS 控制网的精度、基准和网形等进行设计。

1. GPS 控制网的技术设计依据

GPS 控制网技术设计的主要依据是 GPS 测量规范和测量任务书。

(1)GPS 测量规范。GPS 测量规范是国家质检主管部门或行业主管部门所制定发布的技术标准，目前主要执行的规范有以下几项：

1)2009年国家质量监督检验检疫总局和国家标准化管理委员会发布的《全球定位系统(GPS)测量规范》(GB/T 18314—2009);

2)2010年住房和城乡建设部发布的行业标准《卫星定位城市测量技术规范》(CJJ/T 73—2010);

3)2010年国家测绘局发布的《全球定位系统实时动态测量(RTK)技术规范》(CH/T 2009—2010)。

(2)测量任务书。测量任务书是测量单位的上级主管部门下达的工作任务和技术要求文件。测量任务书是测量单位与合同甲方共同签订的测量任务和技术要求。这些文件是指令性的,它规定了测量任务的范围、目的、精度和密度要求,提交成果资料的项目、时间及完成任务的经济指标等。

在GPS方案设计时,一般先依据测量任务书提出的GPS网精度、密度和经济指标,再结合相关规范规定并现场踏勘后,具体确定布网方案和观测方案。

2. GPS控制网的精度设计

在《全球定位系统(GPS)测量规范》(GB/T 18314—2009)中将GPS测量分为5个等级,表4-3列出了B、C、D、E精度分级和用途。

表4-3 GPS网的精度指标

级别	相邻点基线分量中误差		相邻点平均距离/km	用途
	水平分量/mm	垂直分量/mm		
B	5	10	50	国家二等大地控制网,地方或城市坐标基准框架,区域性地球动力学研究,地壳形变测量、局部形变监测和各种精密工程测量等
C	10	20	20	三等大地控制网,区域、城市工程测量基本控制网
D	20	40	5	四等大地控制网
E	20	40	3	中小城市、城镇及测图、地籍、土地信息、房产、物探、勘测、建筑施工等控制测量

《卫星定位城市测量技术规范》(CJJ/T 73—2010)规定,各级城市GPS测量的相邻点间基线长度的精度通常用下式表示:

$$\sigma = \sqrt{a^2 + (bd \times 10^{-6})^2} \tag{4-5}$$

式中 σ——GPS基线向量的弦长中误差,亦即等效距离误差(mm);

a——GPS接收机标称精度中的固定误差(mm);

b——GPS接收机标称精度中的比例误差系数(10^{-6});

d——GPS网中相邻点间的距离(km)。

城市GPS测量精度指标见表4-4。

表 4-4　城市 GPS 测量精度指标(CJJ/T 73—2010)

等级	平均距离/km	a/mm	$b/10^{-6}$	最弱边相对中误差
二等	9	≤5	≤2	1/120 000
三等	5	≤5	≤2	1/80 000
四等	2	≤10	≤5	1/45 000
一级	1	≤10	≤5	1/20 000
二级	<1	≤10	≤5	1/10 000

在实际工作中，精度标准的确定要根据用户的实际需要以及人力、物力、财力情况合理设计，也可参照已有的生产规程和作业经验适当掌握。在具体工作中，可以分级布设，也可以越级布设，或布设同级全面网。

3. GPS 点的密度设计

根据《全球定位系统(GPS)测量规范》(GB/T 18314—2009)，各级 GPS 控制网中相邻点间的距离最大不宜超过该等级网平均距离的 2 倍，根据《卫星定位城市测量技术规范》(CJJ/T 73—2010)，各级城市 GPS 控制网相邻点间的最小距离应为平均距离的 1/2～1/3，最大距离应为平均距离的 2～3 倍。

4. GPS 控制网的基准设计

GPS 测量得到的基线向量是 WGS-84 坐标系的三维坐标向量，而实际工作需要的是国家坐标系或地方独立坐标系的坐标。所以，在 GPS 控制网的技术设计中，必须明确 GPS 成果转换时所采用的坐标系统和起算数据，这项工作称为 GPS 控制网的基准设计。

GPS 控制网的基准设计包括位置基准、方位基准和尺度基准。GPS 控制网的位置基准一般都是由给定的起算点坐标确定。方位基准一般由给定的起算方位角值确定，也可由 GPS 基线向量的方位作为方位基准。尺度基准一般由地面电磁波测距边确定，也可由两个以上起算点间的距离确定，还可由 GPS 基线向量的距离确定。因此，GPS 控制网的基准设计，实际上主要是指确定网的位置基准。

在基准设计时，应充分考虑以下问题：

(1)为了将 GPS 点的 WGS-84 坐标值转换为国家或地方坐标值，应选定若干国家或地方坐标点与 GPS 控制网联测。这时既要考虑充分利用旧资料，又要使新建的高精度 GPS 控制网不受精度较低旧资料的影响。大、中城市 GPS 控制网应与附近的国家控制点联测 3 个以上，小城市或工程控制可以联测 2～3 个点。

另外，若 GPS 控制网中有多普勒点，由于其精度较高，可将其联测作为一点或多点基准；若网中无任何其他已知起算点，也可将 GPS 控制网中一点的多次或长时间观测的伪距坐标作为网的位置基准。

(2)为保证 GPS 控制网进行约束平差后坐标精度的均匀性和减小尺度比误差的影响,对 GPS 控制网内重合的高等级国家点或原城市等级控制网点,除与未知点联结图形观测外,对它们也应适当地构成长边图形。

(3)GPS 控制网经平差计算后,可以得到 GPS 点在地面参照坐标系中的大地高,为了求得 GPS 点的正常高,可根据具体情况联测高程点,联测的高程点应均匀地分布于网中。

(4)新建的 GPS 控制网的坐标系应尽量与测区过去采用的坐标系统一致,如果采用地方独立或工程坐标系,一般还应了解以下参数:

1)所采用的参考椭球;

2)坐标系的中央子午线经度;

3)纵、横坐标加常数;

4)坐标系的投影面高程以及测区的平均高程异常值;

5)起算点的坐标值。

5. GPS 控制网的图形设计

GPS 控制网可选择"支导线形""三角形""多边形网""附合导线网"等形式组网。选择什么样的形态组网取决于工程所需要的精度、野外条件及接收机台数等因素。

(1)支导线形网。支导线形网也称为星形网,图形简单,如图 4-9 所示。因直接观测边之间不构成任何图形,抗粗差能力差。作业中只需两台接收机,是一种快速定位的作业图形,常用于快速静态定位。因此,支导线形网广泛应用于精度较低的工程测量,地质、地籍和地形测量。

(2)三角形网。图 4-9 中的点也可以构成图 4-10 中的网。以三角形作为基本图形构成的 GPS 控制网称为三角形网。三角形网的优点是网的几何强度好,抗粗差能力强,可靠性高;其缺点是工作量大,6 个点需要测定 12 条基线,如果加测 AC、FD 就有 14 条基线,所以只在精度要求极高的情况下才采用三角形网。

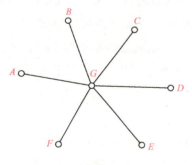

图 4-9 支导线星形网

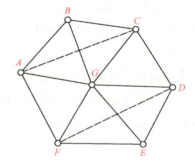

图 4-10 三角网

(3)多边形网。以多边形(边数≥4)作为基本图形所构成的 GPS 控制网称为多边形网。图 4-11 中的 GPS 控制网是由 12 条独立基线向量构成的。多边形网的几何强度不如三角形网强,但只要对多边形的边数 n 加以适当的限制,多边形网仍会有足够的几何强度。

(4)附合导线形网。以附合导线作为基本图形构成的 GPS 控制网称为附合导线网,如

图4-12所示。附合导线网的工作量较为节省，几何强度弱于多边形网，但只要对附合导线的边数及长度加以限制，仍能保证一定的几何强度。《卫星定位城市测量技术规范》(GJJ/T 73—2010)中一般都会对闭合环或附合导线的边数做出限制，见表4-5。

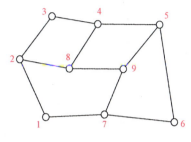

图4-11 多边形网

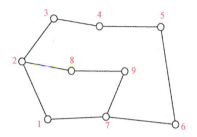

图4-12 附合导线网

表4-5 闭合环或附合导线边数(CJJ/T 37—2010)

等级	二等	三等	四等	一级	二级
闭合环或附合导线边数	≤6	≤8	≤10	≤10	≤10

6. GPS控制网图形设计的一般原则

(1) GPS控制网一般应通过独立观测边构成闭合图形，如三角形、多边形或附合线路，以增加检核条件，提高网的可靠性。

(2) GPS控制网点应尽量与原有地面控制网点重合。重合点一般不应少于3个(不足时应联测)且在网中应分布均匀，以便可靠地确定GPS控制网与地面控制网之间的转换参数。

(3) GPS控制网点应考虑与水准点重合，而非重合点一般应根据要求以水准测量的方法(或相当精度的方法)进行联测，或在网中设一定密度的水准联测点，以便为大地水准面的研究提供资料。

(4) 为了便于观测和水准联测，网点一般应设在视野开阔和容易到达的地方。

(5) 为了便于用经典方法联测或扩展，可在网点附近布设一通视良好的方位点，以建立联测方向。方位点与观测站的距离一般应大于300 m。

(6) 根据GPS测量的不同用途，GPS控制网的独立观测边均应构成一定的几何图形。

4.2.2 GPS测量的外业准备及技术设计书的编写

在进行GPS外业观测之前，必须做好测区踏勘，资料收集，设备、器材的筹备及人员组织，外业观测计划的拟订、技设计书的编写等工作。

1. 测区踏勘

接受下达任务或签订GPS测量合同后，就可依据施工设计图踏勘、调查测区。主要调查下列情况，为编写技术设计、施工设计、成本预算提供依据：

(1) 交通情况：公路、铁路、乡村道路的分布以及可通行情况。

(2)水系分布：江河、湖泊、池塘、水渠的分布，桥梁、码头以及水路交通情况。

(3)植被情况：森林、草原、农作物的分布及面积。

(4)现有控制点：三角点、水准点、GPS点、多普勒点、导线点的等级、坐标，高程系统，点位数量及分布，点位标志的保存现状。

(5)居民点的分布情况：测区内城镇、村庄的分布、食宿及供电情况。

(6)当地的风俗民情：民族的分布、习俗及地方语言，习惯及社会治安情况。

2. 资料收集

踏勘测区的同时，应收集以下资料：

(1)各类图件：1∶1万～1∶10万比例尺地形图、大地水准面起伏图、交通图。

(2)各类控制点成果：三角点、水准点、GPS点、多普勒点、导线点以及各点的坐标系统、技术总结等有关资料。

(3)与测区有关的地质、气象、交通、通信等方面的资料。

(4)城市及乡村的行政区划表。

3. 设备、器材筹备及人员组织

设备、器材筹备及人员组织的内容包括：接收机、计算机及配套设备(电池、充电器等)；机动设备(汽车、油料等)及通信设备(手机、对讲机等)；施工器材及耗材；组建队伍，拟订参加人员及岗位；进行详细的投资预算。

4. 外业观测计划的拟订

外业观测计划的拟订，对于顺利完成外业数据采集任务、保证测量精度、提高工作效率都是极为重要的。

(1)拟订外业观测计划的依据。拟订外业观测计划的依据包括：GPS控制网规模的大小；点位精度及密度要求；GPS卫星星座分布的几何图形强度；接收机的类型与数量；测区交通、通信及后勤保障等。

(2)外业观测计划的主要内容。外业观测计划的内容包括：编制GPS卫星的可见预报图；选择卫星分布的几何图形强度，PDOP值不应大于6；选择最佳观测时段；观测分区的设计与划分；编排作业调度表，仪器、时段、测站较多时，以外业观测通知单进行调度。

(3)拟订地面控制网的联测方案。GPS控制网与地面控制网的联测，可根据地形和地面控制点的分布情况而定。一般GPS控制网中至少应观测3个以上已知的地面控制点(高程点一般应为水准高程)作为约束点。

5. 技术设计书的编写

资料收集齐全后，编写技术设计书，主要包括以下内容：

(1)任务来源及工作量。包括GPS项目的来源，下达任务的项目、用途及意义；GPS测量(包括新定点、约束点、水准点、检查点)点数；GPS点的精度指标及高程系统。

(2)测区概况。测区隶属的行政管辖；测区范围的地理坐标、控制面积；测区的交通状况和人文地理；测区的地形及气候状况；测区控制点的分布及对控制点的分析、利用和评价。

(3)布网方案。GPS控制网点的图形及连接方式、GPS控制网结构特征的测算、点位图的绘制。

(4)选点与埋标。GPS控制网点位的基本要求、点位标志的选用及埋设方法、点位的编号等问题。

(5)外业观测。对外业观测工作的基本要求、外业观测计划的制定、对数据采集提出应注意的问题。

(6)数据处理。数据处理的基本方法及使用的软件、起算点坐标的确定方法、闭合差检验及点位精度的评定指标。

(7)完成任务的措施。要求措施具体、方法可靠，能在实际工作中贯彻执行。

4.2.3 GPS测量外业实施

1. 选点与埋标

由于GPS测量观测站之间不一定要求相互通视，而且网形结构比较灵活，所以选点工作比常规控制的选点要简便。但点位的选择对保证观测的顺利进行和测量结果的可靠性具有重要的意义。选点工作应遵循下列原则：

(1)严格执行技术设计书中对选点以及图形结构的要求和规定，在实地按要求选点。

(2)点位应选在易于安置接收仪器、视野开阔的较高点上；地面基础稳定，易于点的保存。

(3)点位目标要显著，其视场周围15°以上不应有障碍物，以减小对卫星信号的影响。

(4)点位应远离(不小于200 m)大功率无线电发射台；远离(50 m以上)高压输电线和微波信号传输通道，避免电磁场对信号的干扰。

(5)点位周围不应有大面积水域，不应有强烈干扰信号接收的物体，以减弱多路径效应的影响。

(6)点位应选在交通方便，有利于其他观测手段扩展与联测的地方。

(7)当利用旧点时，应对其稳定性、完好性以及觇标是否安全、可用进行检查，符合要求方可利用。

(8)当所选点位需要进行水准联测时，选点人员应实地踏勘水准路线，提出有关建议。

GPS控制网点一般应埋设具有中心标志的标石上，以精确标志点位。点的标石和标志必须稳定、坚固以便长期保存和利用。在基岩露头地区，也可直接在基岩上嵌入金属标志，详见《全球定位系统(GPS)测量规范》(GB/T 18314—2009)。点名一般取村名、山名、地名、单位名，应向当地政府部门或群众调查后确定。利用原有旧点时，点名不宜更改，点号的编排(码)应适应计算机计算。

每个点位标石埋设结束后，应按规定填写"点之记"并提交以下资料：

(1)点之记；

(2)GPS控制网的选点网图；

(3)土地占用批文与测量标志委托保管书；

(4)选点与埋石工作技术总结。

2. 外业观测

(1)各级 GPS 测量的基本技术要求应符合表 4-6 的规定。

表 4-6　各级 GPS 测量的基本技术要求(GB/T 18314—2009)

等级 项目	B	C	D	E
卫星截止高度角	10°	15°	15°	15°
同时观测有效卫星数	≥4	≥4	≥4	≥4
有效观测卫星总数	≥20	≥6	≥4	≥4
观测时段数	≥3	≥2	≥1.6	≥1.6
时段长度	≥23 h	≥4 h	≥60 min	≥40 min
采样间隔	30 s	10～30 s	5～15 s	5～15 s
有效观测时间	≥15 min	≥15 min	≥15 min	≥15 min

注：有效观测时段数≥1.6 是指每站至少观测 1 个时段，60%的测站观测 2 个时段

(2)外业观测步骤如下：

1)将接收机设置为静态模式，并通过手簿设置高度角及采样间隔参数，检查主机内存。

2)在控制点架设好三脚架，安置 GPS 接收机，严格对中，整平。

3)量取仪器高 3 次，3 次量取的结果之差不得超过 3 mm，并取平均值。仪器高应由控制点标石中心量至仪器的测量标志线的上边处。

4)记录仪器号、点名、仪器高、开始时间。

5)开机，确认为静态模式，主机开始搜星并且卫星灯开始闪烁。达到记录条件时，状态灯会按照设定好的采样间隔闪烁，闪一下表示采集一个历元。

6)一个时段数据采集完成后，关闭主机，然后进行数据的传输和内业数据处理。

(3)观测记录。在外业观测中，所有信息都要妥善记录。其形式有以下两种：

1)观测量记录。观测量的记录由 GPS 接收机自动进行，包括载波相位观测值、伪距观测值及其观测历元；星历及钟差参数；实时绝对定位结果和测站的信息及接收机工作状态。

2)观测手簿。观测手簿由观测者在观测开始或过程中，实时填写，如点号、天线高等。应认真、及时、准确记录，不得事后补记或追记。对接收机的存储介质(卡)，应及时填写粘贴标签，并防水、防静电，妥善保管。

3. 外业观测成果检核与外业返工

外业观测成果检核是外业工作的最后一个环节。

(1)观测数据检核。首先，对观测资料要进行复查，复查内容包括：观测数据是否符合调度命令和规范要求；进行的观测数据质量分析是否符合实际，然后对下列项目进行检核：

1)每一个时段同步观测数据的检核：

①数据剔除率应小于10%；

②平均值的中误差应小于0.1 m，相对中误差应符合规范规定。

2)重复观测边检核：同一条基线边若观测了多个时段，可得到多个结果。任意两个时段的观测结果互差，均应小于接收机标称精度的$2\sqrt{2}$倍。

3)同步环闭合差检核：当独立观测的各同步边构成闭合环形(三角形、多边形)时，各边的坐标差之和应为零。但是由于存在多种误差，环中各独立观测边的坐标差分量闭合差不为零，设其为

$$\omega_x = \sum_{i=1}^{n}\Delta x_i, \ \omega_y = \sum_{i=1}^{n}\Delta y_i, \ \omega_z = \sum_{i=1}^{n}\Delta z_i \tag{4-6}$$

式中　　n——闭合环中的同步边数。

此时环闭合差的定义为

$$\omega = (\omega_x^2 + \omega_y^2 + \omega_z^2)^{\frac{1}{2}} \tag{4-7}$$

环闭合差的大小是评价观测成果质量的重要指标。《工程测量规范》(GB 50026—2007)规定，n边同步环各分量闭合差均不应大于$\frac{\sqrt{n}}{5}\sigma$，环闭合差不应大于$\frac{\sqrt{3n}}{5}\sigma$。

4)异步观测环检核：应在整个GPS控制网中选取一组完全独立的基线构成异步环，各独立异步环的坐标分量闭合差和全场闭合差应符合下式要求：

$$\omega_x \leqslant 2\sqrt{n}\sigma, \ \omega_y \leqslant 2\sqrt{n}\sigma, \ \omega_z \leqslant 2\sqrt{n}\sigma, \ \omega = 2\sqrt{3n}\sigma \tag{4-8}$$

(2)外业返工。经检核超限的基线，在进行充分分析的基础上，应按照规定进行外业返工观测。

4. 技术总结与资料上交

(1)技术总结。

1)外业技术总结的内容包括：测区位置、地理与气候条件、交通通信及供电情况；任务来源、项目名称、本次施测的目的及精度要求、测区已有的测量成果情况；施工单位、起止时间、技术依据、人员和仪器的数量及技术情况；观测成果质量的评价、埋石与重合点情况；联测方法、完成各级点数量、补测与重测情况以及作业中存在问题的说明；外业观测数据质量分析与外业数据检核情况。

2)内业技术总结的内容包括：数据处理方案，所采用的软件、星历、起算数据、坐标系统，以及无约束、约束平差情况；误差检验及相关参数、平差结果的精度估计等；上交成果中尚存在的问题和需要说明的其他问题、建议或改进意见；综合附表与附图。

(2)资料上交。GPS测量任务完成以后，应上交下列资料：

1)测量任务书及技术设计书；

2)点之记、环视图、测量标志委托保管书；

3)卫星可见性预报表和观测计划；

4)外业观测记录(原始记录卡)、测量手簿及其他记录(偏心观测等);

5)接收设备、气象及其他仪器的检验资料;

6)外业观测数据质量分析及检核计算资料;

7)数据处理中生成的文件、资料和成果表;

8)GPS 控制网展点图;

9)技术总结和成果验收报告。

4.3　RTK 定位技术在工程上的应用

RTK 定位技术是基于载波相位观测值的实时动态定位技术,即固定基准站,实时测定并提供流动站在指定坐标系中的三维坐标。在 RTK 作业模式下,基准站通过数据链将其观测值和测站信息传送给流动站,流动站将接收到的基准站数据和自身采集的观测数据在系统内组成差分观测值,进行实时处理并给出厘米级定位结果,历时不足 1 s。流动站在整周模糊度固定(即显示固定解)后,可进行每个历元的实时处理,只要能保持 4 颗以上卫星相位观测值的跟踪和必要的几何图形,则流动站可随时给出厘米级定位结果。

4.3.1　RTK 用于数据采集

1. 手簿与 GPS 接收机连接

手簿与 GPS 接收机的连接是通过蓝牙实现的,具体操作如下:

(1)按 GPS 接收机和手簿电源键分别开机,GPS 接收机会提示自身工作模式;

(2)运行"工程之星"软件,其界面如图 4-13 所示;

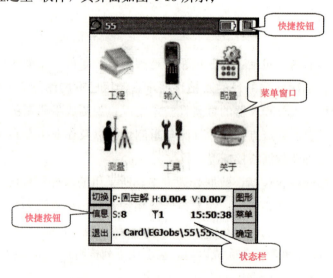

图 4-13　"工程之星"软件界面

(3)执行"配置"→"蓝牙管理"→"搜索"命令,手簿会搜索周围的 GPS 接收机并在手簿列表显示出来，选择欲连接的设备，单击"连接"按钮，如图 4-14 所示。连接成功后，GPS 接收机的蓝牙指示灯会亮。

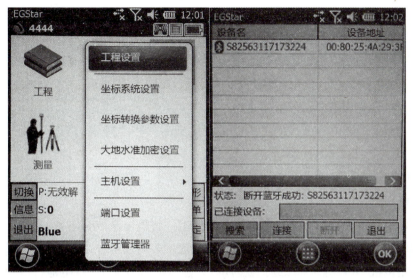

图 4-14　利用蓝牙连接主机与手簿

2. GPS 接收机与 GPS 接收机连接

GPS 接收机与 GPS 接收机是通过电台连接的，因此基准站和移动站电台通道必须一致。电台设置步骤如下：执行"配置"→"主机设置"→"电台设置"命令，读取当前通道号并根据需要进行切换，要求基准站和移动站电台通道号一致，单击"OK"按钮，如图 4-15 所示。

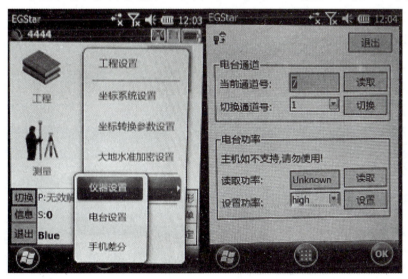

图 4-15　电台设置

3. 架设基准站

基准站一定要架设在视野开阔、周边空旷、地势比较高的地方；避免架设在高压输变电设备附近、无线电通信设备收发天线旁边、树下以及水边，以免对 GPS 信号的接收以及无线电信号的发射产生影响。GPS 接收机主机有内置电台，可以用作基准站，也可以外挂电台用作基准站，南方银河系列 GPS 接收机还有主机与外挂电台一体机，使用起来大同小异。

（1）如果采用内置电台方式，步骤如下：

1）将接收机设置为基准站模式，执行"配置"→"主机设置"→"仪器设置"→"主机模式设置"→"设置主机工作模式"→"基准站"命令；

2）架好三脚架，固定好机座和基准站接收机，安装天线，打开基准站接收机。

（2）如果采用外挂电台方式，参照图 4-5 所示，操作步骤如下：

1）将接收机设置为基准站外置模式；

2）架好三脚架，放电台天线的三脚架最好放到高一些的位置，两个三脚架之间保持至少 3 m 的距离；

3）固定好机座和基准站接收机（如果架在已知点上，要进行严格的对中、整平），打开基准站接收机；

4）安装好电台发射天线，将电台挂在三脚架上，将蓄电池放在电台的下方；

5）用多用途电缆线连接好电台、主机和蓄电池。多用途电缆是一条"Y"形的连接线，用来连接基准站主机（五针红色插口）、发射电台（黑色插口）和外挂蓄电池（红黑色夹子）。其具有供电、数据传输的作用。在使用"Y"形多用途电缆连接主机和电台时应注意查看五针红色插口上标有红色小点，在插入时，将红色小点对准对应接口处的红色标记即可轻松插入。

4. 启动基准站

第一次启动基准站时，需要对启动参数进行设置，设置步骤如下：

（1）使用手簿上的"工程之星"软件连接基准站。

（2）执行"配置"→"仪器设置"→"基准站设置"命令（主机必须是基准站模式）。

（3）对基准站参数进行设置。一般只需设置差分格式，其他使用默认参数。设置完成后单击右边的 按钮，基准站就设置完成了（图 4-16）。

（4）保存好设置参数后，单击"启动基站"按钮。第一次启动基准站成功后，以后作业如果不改变配置，直接打开基准站主机即可自动启动（图 4-17）。

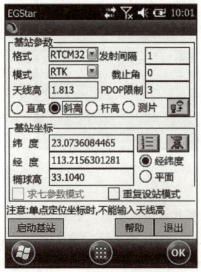

图 4-16　基准站设置界面

图 4-17　启动基准站

5. 架设移动站

确认基准站发射成功后，即可开始移动站的架设。其步骤如下：

(1)将接收机设置为移动站电台模式；

(2)打开移动站主机，将其固定在碳纤对中杆上面，拧上 UHF 差分天线；

(3)安装好手簿托架和手簿。

6. 设置移动站

移动站架设好后需要对移动站进行设置才能达到固定解状态。其步骤如下：

(1)连接手簿及 GPS 接收机；

(2)设置移动站：执行"配置"→"仪器设置"→"移动站设置"命令(主机必须是移动站模式)；

(3)对移动站参数进行设置，一般只需要设置差分数据格式，选择与基准站一致的差分数据格式即可，确定后回到主界面；

(4)设置通道：执行"配置"→"仪器设置"→"电台通道设置"命令，将电台通道切换为与基准站电台一致的通道号，如图 4-15 所示。设置完毕，移动站达到固定解后，即可在手簿上看到高精度的坐标。

7. 求转换参数

GPS 接收机得到的数据是 WGS-84 经纬度坐标，需要转化成施工坐标系坐标才方便使用，因此，数据采集和坐标放样前需要先进行坐标转换参数的计算。转换参数主要有 4 参数、7 参数和高程拟合参数，这里介绍 4 参数的计算。在进行 4 参数的计算时，至少需要两个控制点的两套坐标系坐标，具体做法不唯一。

(1)在移动站端，在手簿上执行"工程"→"新建工程"命令，输入工程名称；

(2)执行"测量"→"点测量"命令，测量至少 2 个已知控制点的 WGS-84 经纬度坐标；

(3)执行"输入"→"求转换参数"→"增加"命令，出现图 4-18、图 4-19 所示的界面，分别输入控制点的施工坐标和 WGS-84 经纬度坐标，可以直接输入，也可以从坐标管理库选点；

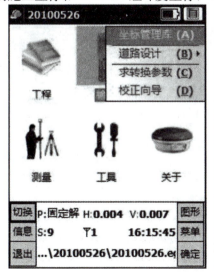 

图 4-18 求转换参数

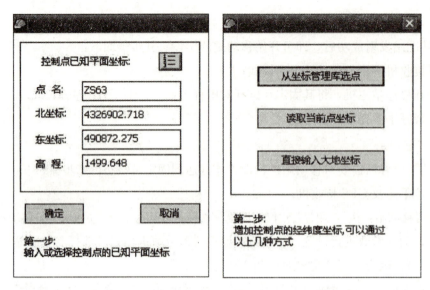

图 4-19　输入控制点的施工坐标和 WGS-84 经纬度坐标

（4）几个点的坐标输入完成后，单击"保存"按钮，输入文件名即可完成转换参数的计算和保存。

8. 点位检查和数据采集

执行"测量"→"点测量"命令，首先测量已知控制点的坐标，确保无误后开始其他点的测量，进行数据采集。

4.3.2　RTK 用于放样

RTK 用于放样和用于数据采集大部分工作是一样的，转换参数确定后首先利用"点测量"检查控制点坐标，然后执行"测量"→"点放样"→"目标"命令，选择坐标管理库的点或单击"增加"按钮，输入放样点坐标，根据提示完成点放样即可，如图 4-20 所示。

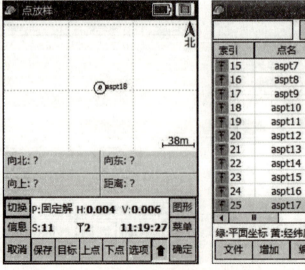

图 4-20　放样

4.3.3 数据导入、导出

放样和数据采集经常需要数据导入、导出。

1. 导入

执行"输入"→"坐标管理库"→"文件"命令，出现图 4-21 所示的界面，单击"导入"按钮，出现图 4-22 所示的界面，单击"导入文件类型"按钮，然后选择"打开文件"选项找到欲导入文件，单击"导入"按钮即可。

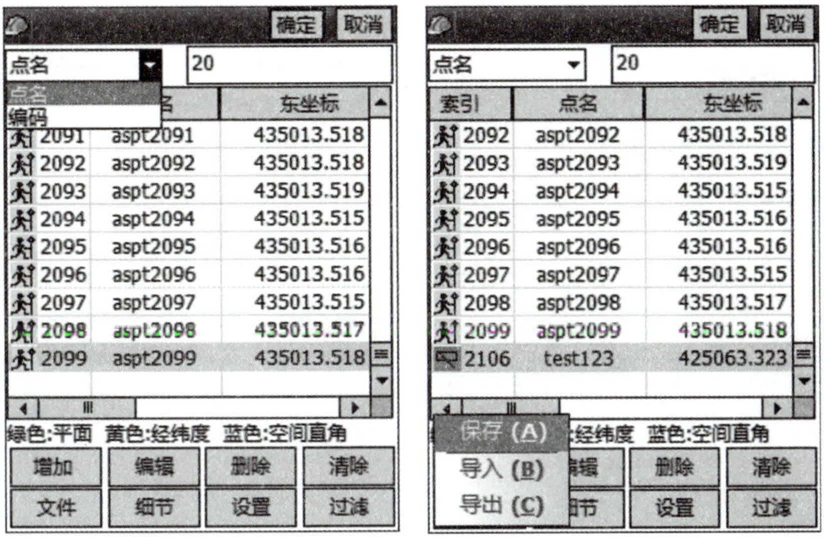

图 4-21 坐标管理库界面

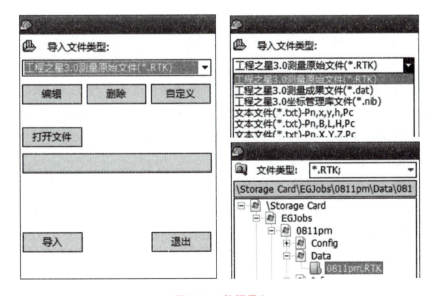

图 4-22 数据导入

2. 导出

导出就是将坐标管理库里的坐标保存到指定的文件夹下面。在图 4-21 所示的界面，单击"导出"按钮，进入导出界面，单击"导出文件类型"按钮，给出导出文件名称，确定导出范围和坐标类型，如图 4-23 所示，单击"导出"按钮即可。

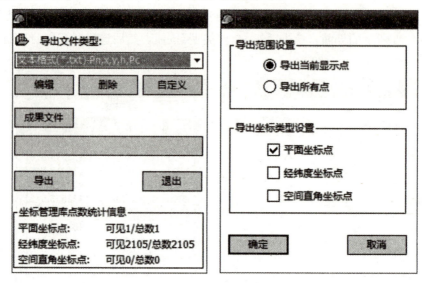

图 4-23　数据导出

4.3.4　网络 RTK

RTK 技术利用固定站和流动站之间观测误差的空间相关性，通过差分的方式除去流动站观测数据中的大部分误差，从而实现高精度定位。但 GPS 误差的空间相关性随固定站和流动站距离的增加而逐渐失去线性，在较长距离下经过差分处理后的数据仍然含有很大的观测误差，从而导致定位精度降低。这一点在网络 RTK 技术中得到了控制。在网络 RTK 技术中，GPS 误差模型为区域型网络误差模型，即用多个固定站组成的 GPS 控制网络来估计一个地区的 GPS 误差模型，并为网络覆盖地区的用户提供校正数据。而用户收到的也不是某个实际固定站的观测数据，而是一个虚拟参考站的数据，与距离自己位置较近的某个参考网格的校正数据，因此，网络 RTK 技术又被称为虚拟参考站技术。

1. 网络基准站和移动站的架设

RTK 网络模式与电台模式只是传输方式上的不同，因此架设方式类似，区别如下：
(1)基准站切换为基准站网络模式，无须架设电台和蓄电池，需要安装 GPRS 差分天线。
(2)移动站切换为移动站网络模式，而且安装 GPRS 差分天线。

2. 网络基准站和移动站的设置

RTK 网络模式下基准站和移动站的设置完全相同，先设置基准站，再设置移动站即可。设置步骤如下：
(1)设置：执行"配置"→"网络设置"命令(图 4-24)。
(2)此时需要新增加网络链接，单击"增加"按钮进入设置界面，"从模块读取"功能用来读取系统保存的上次接收机使用"网络连接"设置的信息，单击读取成功后，会将上次的信息填写到输入栏（图 4-25）。

图 4-24　网络配置界面　　　　　　　图 4-25　设置界面

（3）依次输入相应的网络配置信息，基准站选择"EAGLE"方式，接入点输入机号或者自定义。

（4）设置完成后，单击"确定"按钮，此时进入参数配置阶段。再单击"确定"按钮，返回网络配置界面（图 4-26）。

（5）连接：主机会根据程序步骤一步一步地进行拨号连接，下面的对话框会显示连接的进度和当前进行的步骤的文字说明（账号、密码错误或卡欠费等错误信息都可以在此处显示出来）。连接成功后，单击"确定"按钮，进入"工程之星"软件的初始界面（图 4-27）。

移动站连接连续运行参考站（CORS）的方法与网络 RTK 类似，区别在于方式选择"VRS-NTRIP"。

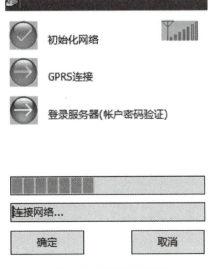

图 4-26　网络配置界面　　　　　　　图 4-27　拨号连接界面

思考与练习

1. 简述 GPS 定位原理。
2. 简述 GPS 静态定位的作业流程。
3. 结合具体实践，介绍网络 RTK 技术。
4. 简述 GPS 如何用于施工放点、放线。

第 5 章

三维激光扫描技术

5.1 概述

5.1.1 三维激光扫描技术及原理

三维激光扫描技术是利用激光测距的原理,通过记录被测物体表面大量密集点的三维坐标信息和反射率信息,将各种大实体或实景的三维数据完整地采集到电脑中,进而快速复建出被测目标的三维模型及线、面、体等各种图件数据。

三维激光扫描系统设备依据承载平台划分,可分为机载三维激光扫描系统、车载三维激光扫描系统、固定站式三维激光扫描系统和手持式三维激光扫描仪。本章主要介绍固定站式三维激光扫描系统。

三维激光扫描系统主要由三维激光扫描仪、计算机、电源供应系统、支架及系统配套软件构成。而三维激光扫描仪作为三维激光扫描系统的主要组成部分,又由激光发射器、接收器、时间计数器、马达控制可旋转的滤光镜、控制电路板、微电脑、CCD 相机及软件等组成。

三维激光扫描仪主要由测距系统和测角系统及其他辅助功能系统构成,如内置相机以及双轴补偿器等。其工作原理是通过测距系统获取扫描仪到待测物体的距离,再通过测角系统获取扫描仪至待测物体的水平角和垂直角,进而计算出待测物体的三维坐标信息。在扫描的过程中,再利用本身的垂直和水平马达等传动装置完成对物体的全方位扫描,这样,以一定的取样密度连续地对空间进行扫描测量,就能得到被测目标物体密集的单位彩色散点数据,称为点云。

三维激光扫描仪在记录激光点三维坐标的同时也会记录激光点位置处物体的反射强度值,称为反射率。内置数码相机的扫描仪在扫描过程中可以方便、快速地获取外界物体的真实色彩信息,在扫描、拍照完成后,不仅可以得到点的三维坐标信息,而且可以获取物体表面的反射率信息和色彩信息。所以，包含在点云信息里的不仅有 X、Y、Z、Intensity，还包含每个点的 RGB 数字信息。

5.1.2　三维激光扫描技术的特点

传统的测量方式是单点测量，获取单点的三维坐标信息，而三维激光扫描技术则自动、连续、快速地获取目标物体表面的密集采样点数据，即点云；其由传统的点测量跨越到了面测量，实现了质的飞跃；同时，获取信息量也从点的空间位置信息扩展到了目标物的纹理信息和色彩信息。三维激光扫描技术具有以下特点：

(1)非接触测量。三维激光扫描技术采用非接触扫描目标的方式进行测量，无须反射棱镜，对扫描目标物体不需要进行任何表面处理，直接采集物体表面的三维数据，所采集的数据真实可靠。

(2)数据采样率高。目前，三维激光扫描仪采样点速率可达到百万点/秒，可见采样率是传统测量方式难以比拟的。

(3)具有高分辨率、高精度的特点。三维激光扫描技术可以快速、高精度地获取海量点云数据，可以对扫描目标进行高密度的三维数据采集，从而达到高分辨率的目的。单点精度可达 2 mm，间隔最小为 1 mm。

(4)全景化扫描。目前水平扫描视场角可达 360°，垂直扫描视场角可达到 320°。

(5)直接生产三维空间结果。结果数据直观，在进行空间三维坐标测量的同时，可以获取目标表面的激光强度信号和真实色彩信息，可以直接在点云上获取三维坐标、距离、方位角等，并且可应用于其他三维设计软件。

(6)结构紧凑、防护能力强，适合外业使用。

法如公司的 Focus3D X330 三维激光扫描仪如图 5-1 所示。

图 5-1　法如 Focus3D X330 三维激光扫描仪

5.1.3　三维激光扫描技术的应用

地面三维激光扫描技术的主要应用领域有大比例尺地形图测绘、建筑物立面测量、土方和体积测量、监理测量、变形监测等。

5.2　点云数据的获取

目前，生产地面三维激光扫描仪的公司比较多，国外有代表性的公司主要有徕卡（Leica）公司、美国的天宝（Trimble）公司和法如（FARO）公司、奥地利的瑞格（Riegl）公司、加拿大的 Optech 公司等；国内主要有广州南方测绘科技股份有限公司和广州中海达卫星导航技术股份有限公司等。它们各自的产品在性能指标上会有所不同，本书主要以 FARO 公司的 Focus3D X330 的主要性能指标为例来作简要介绍，见表 5-1。

表 5-1　法如 Focus3D X330 的主要性能指标

仪器型号	法如 Focus3D X330
扫描距离/m	0.6~330
扫描速度/(万点·s^{-1})	12.2~97.6
扫描精度/mm	2/25 m
视角范围度(水平/垂直)	360/300
激光波长/nm	1 550
数据存储	SD，SDHC，SDXG；32GB 存储卡
主机尺寸/mm	240×200×100
质量/kg	5.2

5.2.1　扫描方案的制定

三维激光扫描仪用于工程项目时，要对项目进行详细的方案设计。其中，野外扫描方案是最重要的组成部分。根据测量场景的大小、复杂程度和工程精度要求，确定扫描路线，布置扫描站点，确定扫描站数及扫描系统至扫描场景的距离，确定扫描分辨率。仪器参数的确定将直接影响扫描精度和效率，分辨率一般根据扫描对象和需要获取的空间信息确定。扫描方案设计的主要内容有标靶布置和测站设置。

1. 标靶布置

扫描仪的内部有一个固定的空间直角坐标系统。当在一个扫描站上不能测量物体全部而需要在不同位置进行测量时，或者需要将扫描数据转换到特定的工程坐标系（国家或地方独立坐标系）中时，都涉及坐标转换的问题。为此，就需要测量一定数量的公共点来计算坐标转换参数。为了保证转换精度，公共点一般采用特制的球面(形)标志(也称球形标靶)和平面标志(也称平面标靶)，在变形监测时一般采用贴片固定在监测对象上(图5-2)。

图 5-2　标靶

放置标靶时应注意：标靶能够被识别，不要被物体挡住；不要将标靶放在一条直线上，否则会降低拼接精度；安放位置要确保稳定；标靶之间应有高度差。

为满足点云数据的拼接要求，相邻测站至少要求有 3 个公共点重合，因此，一般至少要配置 4 个标靶。

2. 测站设置

测站设置要保证三维激光扫描仪在有效范围内发挥最大的作用，科学地设置站点可大幅度提供测量效率。在需要扫描标靶的情况下，换站前要计划好下站位置，要确保下站也能看到标靶，若不需要标靶，测站的位置要保证能尽量多地看到特征点，以方便后续的点云拼接。一般情况下，测站设置应遵守以下原则：

(1)扫描仪所架设的各个测站可以扫描到目标区域的全部范围；

(2)对测站数进行优化，在保证采样率的前提下采用最小的设站数量、最大的覆盖面积以减少拼接次数，减小点云数据的拼接误差和数据总量；

(3)相邻两站之间有不少于 3 个可清晰识别的标靶或特别标志，扫描仪至扫描对象平面的距离要求在仪器标称测距精度的最佳工作范围，一般要与扫描对象平面垂直；

(4)在可视范围内，保证 90% 以上数据的完整性，测站之间重复率为 20%～30%，以保证扫描对象整个点云数据的完整性和不同站点间拼接的最低要求。

5.2.2　野外获取点云数据

在项目实施过程中，野外获取点云数据是重要的组成部分，获取完整的、符合精度要求的点云数据是后续建模与应用的基础。对于不同品牌和型号的仪器，在一个测站上具体扫描操作的方法会有所不同，在一个测站上扫描的基本步骤如下：

(1)安置仪器。仪器安置工作主要包括对中(在需要条件下)和整平。

(2)设置仪器参数。在确认仪器安置无误后，可以打开仪器电源开关，一般开机可能需要几分钟时间。当开机完成后，可以进行扫描参数设置，主要包括工程文件名、文件存储位置、扫描范围、分辨率、标靶类型等的设置。

（3）开始扫描。当确认仪器参数设置正确后，可以执行扫描操作。仪器在扫描过程中会显示完成扫描剩余的时间，如果有问题可以暂停或取消扫描。当仪器扫描结束后，可以检查扫描数据质量，若不合格则需要重新扫描。

（4）换站扫描。当确认测站相关工作完成无误后，可以将仪器搬移到下一测站，重复前面三个步骤的工作。

5.3　点云数据处理和三维建模

软件是三维激光扫描系统的重要组成部分。点云以公司内部格式存储，用户需要用原厂家的专门软件来读取和处理。目前需要使用两种类型的软件，才能让三维激光扫描仪充分发挥其功能：一种是扫描仪自带的控制软件；另一种是专业数据处理软件。前者一般是扫描仪随机自带的软件，既可以用来获取数据，也可以对数据进行一般的处理，如法如公司的 SCENE 软件、徕卡公司的 Cyclone 软件和天宝公司的 PointScape 软件等。后者主要用于点云数据的处理和建模等方面，多为第三方厂商提供，如 Imageware、PolyWorks、Geomagic、3ds Max、Sketch Up 等软件，它们都有点云影像可视化、三维影像点云编辑、点云拼接、影像数据点三维空间测量、空间三维建模、纹理分析等功能。

5.3.1　点云数据处理

点云数据处理主要包括点云拼接、地理参考、数据缩减、数据滤波、数据分割、数据分类等步骤。

点云拼接也称坐标纠正或坐标配准。由于目标物的复杂性，通常需要从不同方位扫描多个测站，才能将目标物扫描完整，每一测站的扫描数据都有自己的坐标系统，三维模型的重构要求将不同测站的扫描数据纠正到统一的坐标系统下。在扫描区域设置控制点或标靶点，使相邻区域的扫描点云图上至少有 3 个以上的同名控制点或者控制标靶，通过控制点的强制附和，将相邻的扫描数据统一到同一个坐标下，这一过程称为点云拼接。点云拼接有以下几种方法。

1. 标靶拼接

标靶拼接是点云拼接最常用的方法，首先在扫描两站的公共区域放置 3 个或 3 个以上的标靶，对目标区域进行扫描，得到扫描区域的点云数据，测站扫描完成后再对放置于公共区域的标靶进行精确扫描，以便对两站数据拼接时拟合标靶有较高的精度。依次对各个测站的数据和标靶进行扫描，直至完成整个扫描区域的数据采集。在外业扫描时，每个标靶对应一个 ID 号，需要注意，同一个标靶在不同测站中的 ID 号一致才能完成拼接。完成扫描后对各个测站数据进行点云拼接。该方法的拼接精度较高，误差一般小于 1 cm。

2. 点云拼接

基于点云拼接方法要求在扫描目标对象时有一定的区域重叠度，并且目标对象特征点要明显，否则无法完成数据的拼接。由于约束条件不足不能完成拼接的，需要再从有一定区域重叠关系的点云数据中寻找同名点，直至满足完成拼接所需要的约束条件，进而对点云进行拼接操作，此方法点云数据的拼接精度不高。

采用三维激光扫描仪采集数据时，要保证各测站测量范围之间有足够多的公共部分（大于30%），当点云数据通过初步的定位定向后，可以通过多站拼接实现多站间的点云拼接。公共部分的好坏会影响拼接的速度和精度。一般要求公共部分要清晰，具有一些比较有明显特征的曲面。一般公共部分可利用的点云数据越多，多站拼接的质量越好。

3. 控制点拼接

为了提高拼接精度，三维激光扫描系统可以与全站仪或 GPS 技术联合使用，通过全站仪或者 GPS 技术测量扫描区域的公共控制点的大地坐标，然后用三维激光扫描仪对扫描区域内的所有公共控制点进行精确扫描。其拼接过程与标靶拼接的步骤基本相同，只是需要将以坐标形式存在的控制点添加进去，以该控制点为基站直接将扫描的多测站的点云数据与其拼接，即可将扫描的所有点云数据转换成工程实际需要的坐标系。使用全站仪获取控制点的三维坐标数据，其精度相对较高，因此，数据拼接的结果精度也相对较高，其误差一般在 4 mm 以内。

4. 地理参考

点云数据被纠正到统一的仪器坐标系下，为了获得点云数据的精确地理位置，需要增加地理参考，将仪器坐标系下的点云数据纠正到大地坐标系或地理坐标系下。测量获得几个标靶点的大地坐标，就可采用上面提到的方法，将仪器坐标系点云数据纠正到所需要的坐标系下。

点云数据处理还包括数据缩减、数据滤波、数据分割、数据分类等内容。

5.3.2 三维建模

三维建模是指对三维物体建立适用于计算机处理和表示的数学模型。其是在计算机环境下对其进行处理、操作和分析其性质的基础，同时，也是在计算机中建立表达客观世界的虚拟现实的关键技术。三维激光扫描技术因其在测量中能将各种物体表面的点云数据快速、准确地测量并记录到计算机中，而且可在记录位置信息的同时记录物体表面反射率，使重构的三维实体更加生动，而经常被用于建筑物测量维护、仿真与位移监控和外观结构三维建模、设计、维护分析与景观三维测量等工程建设相关的众多领域。

三维激光扫描仪厂家自带的软件除可以用来获取数据外，也可以对数据进行一般的处理，如徕卡公司的 Cyclone 软件等。但人们更多地使用第三方厂商提供的专业数据处理软件来进行点云数据的处理和建模，如 3ds Max、Geomagic 等。下面对用 3ds Max 软件进行建模的过程进行简单的介绍。

3ds Max 是著名软件开发商 Autodesk 开发的基于 PC 的三维渲染制作软件。其前身是基于 DOS PC 操作系统的 3D Studio 软件。3ds Max 凭借其图像处理的优异表现，被用于电脑游戏的动画制作，后来被用于电影特效制作。现在，3ds Max 在三维造型领域有着广泛的应用。3ds Max 的主要特点如下：

(1) 三维数据处理功能强大，扩展性能好；
(2) 模型功能强大，动画方面有较大的优势，它的插件丰富；
(3) 操作简单，容易上手，制作的模型效果非常逼真。

5.4 用 FARO Focus3D X330 进行作业实例

5.4.1 扫描过程

以某输气站项目为例，此地有建筑、管道，面积为 105 m×55 m。本项目属于较典型的工程应用。Focus3D X330 具有轻便、使用简单的特性，外业操作只需一人。只需将扫描仪架设在建筑周边，站点间隔 6~10 m，启动扫描即可，如图 5-3 所示。

图 5-3 测量现场照片

1. 参数设置

(1) 新建项目。开始扫描之前，应从提前准备好的项目列表中选择扫描项目。此项目应对应当前扫描位置。下一扫描便会指定到此项目。此信息会附加到每个扫描，这对于将来的扫描拼接十分有帮助，可用于自动将扫描组合到扫描群集中。

操作软件中的项目代表实际扫描项目的结构。一个扫描项目通常由具有若干子项目的主项目组成。例如，如果要扫描一幢多层建筑物，则此建筑物的每一层都可以代表一个子项目，而其中每一层或者说每个子项目都可以具有进一步的子项目，如房间。

在执行扫描项目之前,应将其结构映射到扫描仪操作软件中。可以在扫描仪操作软件中或使用更加方便的 SCENE 重新生成扫描项目的完整结构,然后通过 SD 卡将该项目传输到扫描仪。

(2)扫描半径。Focus3D X330 带有预定义的扫描配置文件(也就是设置扫描半径)。这些扫描配置文件是只读的,不能更改或删除,通常用默认配置文件就可满足任何场景的扫描。当然,也可以添加并管理自定义扫描配置文件。

(3)分辨率与质量。Focus3D X330 的扫描模式及分辨率有多种选择,可根据现场情况适当选择,一般若是室内,可选择室内 10 m 以外的模式、1/4 或 1/5 的分辨率、3X 或 4X 的质量来进行扫描。若是室外,可选择室外 20 m 以外或超远距离的模式、1/4 或 1/5 的分辨率、3X 或 4X 的质量来进行扫描。

(4)彩色扫描。设置集成彩色照相机确定拍摄彩色照片(如果彩色已开启)所用的曝光方式。在三种测光模式中进行选择以满足当前光线条件的要求并获得局部取像的最佳效果。

1)平均加权测光:为确定曝光设置,照相机将使用来自整个场景的光线信息及平均值而不向特定区域给予特殊权值。在具有均匀光线条件的场景中使用该设置。

2)地平线加权测光:通过地平线加权测光模式,照相机将使用来自地平线的光线信息来确定其曝光设置。该模式通常用于这样的场景:来自顶上的光线明亮(如装有明亮吸顶灯的室内环境或者阳光明亮的室外环境),以及想要为地平线上的物体获得最正确的光线平衡和光。该模式为默认设置,相对于平均加权测光,该模式将增加大约 14 s 的扫描持续时间。

如果垂直扫描区域受限,则用于确定曝光的区域(测光区域)可以从地平线移开。如果垂直起始角度设置为大于 −30°的值或垂直结束角度设置为小于 30°的值,就会出现这样的情况。测光区域随后将向上或向下移动并设置为剩余垂直扫描区域的中心。

3)天顶加权测光:通过天顶加权测光模式,照相机将使用来自扫描仪上方的光线信息来确定其曝光设置。如果具有透过诸如窗户的非常明亮的光线,而且想要为建筑物天花板上物体(古建筑的天顶画)获得最正确的光线平衡和曝光,需使用此模式。相对于平均加权测光,该模式将增加大约 14 s 的扫描持续时间。

2. 扫描过程注意事项

无须任何外置数据线。内置倾斜补偿器,有 ±5°的倾斜补偿范围,无须精细调平。但在扫描过程中,应注意以下几点:

(1)扫描时,不能触碰仪器,否则会造成扫描数据的质量偏差;

(2)不能遮挡仪器,在启动扫描之后,工作人员可绕道建筑背面或者蹲在仪器底部,否则会造成扫描数据缺失,拍摄照片时同理;

(3)在扫描初始,尽可能将传感器都打开,这对扫描拼接有很大帮助。

3. 扫描结束

扫描完成之后,按照流程关闭扫描仪,取下 SD 卡与电池,拆下扫描仪,放入箱子或背包并盖好。

5.4.2 扫描数据预处理

室外扫描结束后,要先进行数据预处理,步骤如下:

(1)新建项目。打开 SCENE 软件,执行"文件"→"新建"→"项目"命令。设定存储位置并输入项目名称。确定信息无误,单击"创建"按钮,创建一个新的项目。

(2)导入数据。将需要处理的数据选中。长按鼠标左键将文件拖拉进入 SCENE 软件里的结构窗口。

(3)加载(解压)部分数据。用鼠标右键单击"Scans"文件夹,加载所有扫描。软件开始进行加载数据过程。加载完成后数据开头会以绿色图标显示。

(4)添加色彩。用鼠标右键单击"Scans"文件夹,选择"操作"→"颜色"→"图片"→"应用图片"选项,开始进行数据着色。首次添加色彩需要对该项目进行保存。

(5)标记外业测出的标靶用于转换坐标。将外业用 GPS 接收机或全站仪测出的标靶坐标数值导出,制作成 CSV 格式的 Excel 文件,导入到 SCENE 软件中。

选择标记点:打开有扫描标靶的站点平面视图,将标靶手工标记出来,与 Excel 表格中的坐标点名称命名一致。

(6)转换单站坐标。需要将其他站点手动赋予坐标值匹配转换坐标站。同样"Scans"文件夹使用布置扫描,将模式改为"目标"。使用默认设置即可。

最后将其余没有扫描标靶的站点手动移动到转换坐标后的站点附近,再次使用布置扫描,执行云际拼接,将转换坐标的站点设为参考站。最终此区域转换坐标也完成拼接。

(7)执行云际拼接。用鼠标右键单击"Scans"文件夹,选择"视图"→"对应视图"选项。视图窗口中会出现以不同颜色显示的每个站的数据俯视图,如图 5-4 所示。

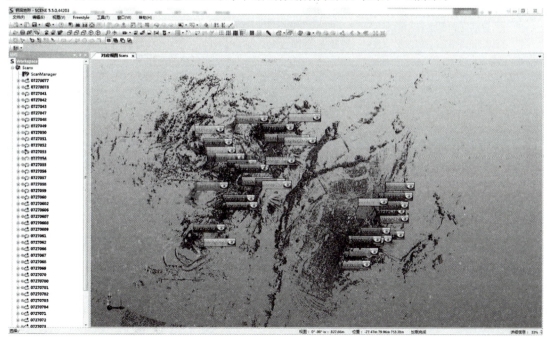

图 5-4 数据俯视图

软件会根据站点数据之间存在的公共部分数据进行自动计算拼接，故只需将每个站点移动到对应位置即可，无须精确对准。

在结构窗口中，用鼠标左键单击站点（黄色代表当前已选中站点），在对应视图中移动/旋转调整站点位置。

完成俯视图的调整后转到侧视图对其进行高度的调整。对右视图、后视图都可以进行高度调整。选择站点调整。

(8) 创建项目点云。用鼠标右键单击"Scans"文件夹，选择"操作"→"点云工具"→"创建扫描点云"选项。

(9) 删除多余数据，导出点云。由于扫描仪是扇形发射激光点，对于远处的边缘点及稀疏的点、多余的点，软件默认是常规数据，此时需要进行手动删除。拼接完成之后，打开三维视图，在俯视图和侧视图中分别使用多边形选择器选择删除。删除之后执行保存才能显示实时点云。用鼠标右键单击"Scans"文件夹，选择"导入/导出"选项，导出扫描点云。

(10) 导入 CAD 画图。点云通过 recap 插件，生成 RCP 文件，导入到 CAD 中，进行画图作业。

思考与练习

1. 简述三维激光扫描技术的特点及其工程应用。
2. 总结现场操作经历，写出三维激光扫描的外业工作内容及注意事项。
3. 写出扫描数据预处理的工作流程。
4. 展望三维激光扫描技术的应用前景。

第 6 章 无人机摄影测量技术

6.1 无人机摄影测量技术介绍

6.1.1 无人机

无人机是无人驾驶飞机(Unmanned Aerial Vehicle,UAV)的简称,是不搭载操作人员,采用空气为飞机提供升力,能够自行飞行或远程引导,可一次性或多次重复使用,携带各种有效荷载的有动力的空中飞行器。

无人机按用途可分为军用无人机和民用无人机。民用无人机包含消费级无人机和工业级无人机。消费级无人机主要应用在航拍领域;工业级无人机应用在电力、物流、农业、林业、安防、气象、勘探及测绘领域。

按飞行平台构型的不同,无人机可分为旋翼无人机、固定翼无人机。旋翼无人机可分为无人直升机、多旋翼无人机等。固定翼无人机是由动力装置产生前进的推力或拉力,由机体上固定的机翼产生升力,在大气层内飞行的重于空气的无人航空器。旋翼无人机在空中飞行的升力由一个或多个旋翼与空气进行相对运动的反作用获得,与固定翼无人机为相对的关系。

6.1.2 无人机摄影测量技术

无人机摄影测量技术以获取高分辨率数字影像为目标,以无人机为飞行平台,以高分辨率数码相机为传感器,通过3S技术在系统中集成应用,最终获取小面积、真彩色、大比例尺、现势性强的航测遥感数据。无人机摄影测量技术主要用于基础地理数据的快速获取和处理,为制作正射影像、地面三维模型和基于影像的区域测绘提供最简捷、最可靠、最直观的应用数据。

无人机摄影测量技术具有广阔的发展和应用前景,其主要有以下特点:

(1)成本低。传感器成本远远低于其他遥感系统,成本低廉,一般的单位和个人都有能力承担。

(2)影像获取快捷方便。无须专业航测设备,普通民用单反相机即可作为影像获取的传感器。操作者经过短期培训学习即可操作整个系统。

(3)机动性、灵活性和安全性高。有灵活机动的特点,无须专用起降场地,升空准备时间短,受空中管制和气候的影响较小,特别适合应用在建筑物密集的城市地区和地形复杂地区以及南方丘陵、多云区域。能够在恶劣环境下直接获取影像,即使设备出现故障,也不会出现人员伤亡,具有较高的安全性。

(4)可进行低空作业,获取高分辨率影像。无人机可以在云下超低空飞行,弥补了卫星光学影像和传统航空摄影因经常受云层遮挡而获取不到影像的缺陷,可获取比卫星遥感和传统航空摄影分辨率更高的影像。同时,可以获取建筑物多面高分辨率纹理影像,弥补了卫星影像和传统航空摄影获取城市建筑物时遇到的高层建筑物遮挡问题。空间分辨率能达到分米级甚至厘米级,可用于构建高精度数字地面模型及制作三维立体景观。

(5)精度高,测图分辨率可达1∶1 000。无人机为低空飞行,飞行高度为50~1 000 m,属于近景航空摄影测量,摄影测量精度达到了亚米级,精度范围通常为0.1~0.5 m,符合分辨率为1∶1 000的测图要求,能够满足城市建设精细测绘的需要。

(6)周期短,时效性强。较小的大比例尺地形图测量任务($10 \sim 100 \ km^2$)受天气和空域管理的限制较多,大飞机航空摄影测量成本高;而采用全野外数据采集方法测图,作业量大,成本也比较高。将无人机遥感系统进行工程化、实用化开发,则可以利用其机动、快速、经济等优势,在阴天、轻雾天也能获取合格的影像,从而将大量的外业工作转为内业,既能降低劳动强度,又能提高作业的效率和精度。

6.2 无人机航空摄影测量系统的构成

无人机航空摄影测量系统主要由硬件系统和软件系统组成。硬件系统包括机载系统、地面监控系统及发射和回收系统;软件系统则涵盖了航线设计、飞行控制、远程监控、航摄检查、数据接收及预处理五个主要的系统。

6.2.1 硬件系统

1. 机载系统

在整个无人机航空摄影测量系统构成中,无人机作为主要的系统搭载平台,是整个系统集成与融合的重要基础。这一硬件系统主要由无人机、数字摄影系统、导航与飞行控制系统、通信系统等部分构成。在该系统的工作过程中,整个系统会按照预先设定的航线进行相应的自主飞行,并且完成预先设定的航空摄影测量任务,同时实时地将飞机的速度、高度、飞行状态、气象状况等参数传输给地面监控系统。

2. 地面监控系统

地面监控系统主要负责控制和管理无人机，是无人机系统的监控和指挥中心，主要用来监控无人机的飞行姿态和轨迹，制定飞行任务和处理危险情况，如图6-1所示。其主要由计算机、飞行控制软件、电子通信控制介质和电台等设备组成。在飞行平台的运行过程中，地面监控系统可以根据无人机发回的飞行参数信息，实时在地图上精确标定飞机的位置、飞行路线、轨迹、速度、高度和飞行姿态，使地面操作人员更容易掌握无人机的飞行状况。

图6-1 地面监控系统

3. 发射和回收系统

（1）起飞方式。滑跑起飞方式的优点是无须弹射器；缺点是受场地限制。而弹射方式则相反，其优点为没有场地限制；缺点为需要购置弹射器。

（2）降落方式。滑跑回收方式的优点是无须回收降落伞；缺点是受场地限制，安全性不如伞降回收方式。伞降回收方式则相反，其优点是安全可靠，受场地影响小；缺点是需要降落伞以及飞控系统支持。

6.2.2 软件系统

1. 航线设计软件

软件在无人机航空摄影测量系统中扮演着十分重要的角色，它直接决定了整个系统工作的方向和精准度。它需要对系统运行经过的作业范围、地形地貌特点、属性精度要求、摄影测量参数以及摄影测量的结果进行综合设定。航线设计软件需要对相关的工作参数进行综合设定和检查，如航线走向、摄影基面、航高、像片重合度和地面分辨率等飞行参数，进而获得飞行所需的曝光点坐标、基线长度等参数。

依据无人机具体的飞行任务和低空数字航空摄影规范的有关规定，首先对航空摄影技术参数进行设置，以保证无人机按照规定的航迹飞行，具体包括以下几个方面：

（1）设置航高。根据不同比例尺航摄成图的要求，结合测区的地形条件及影像用途，参考测图比例尺与地面分辨率对比表（表6-1），选择影像的地面分辨率。

$$H = \frac{f \times \text{GSD}}{a_{\text{size}}} \tag{6-1}$$

式中 H——摄影航高；

f——物镜镜头焦距；

a_{size}——像元尺寸；

GSD——航摄影像地面分辨率。

(2)设置像片重叠度。依据低空数字航空摄影测量的相关规范，像片重叠度应该满足以下要求：

1)航向重叠度在通常情况下应该为60%～80%，不得低于53%；

2)旁向重叠度在通常情况下应该为15%～60%，不得低于8%。

(3)设置航线参数。依据测区大小，确定飞行航向和航线长度，并且根据式(6-2)计算摄影基线长度，根据式(6-3)得出航线间隔宽度。

$$B_x = l_x(1-p_x) \times \frac{H}{f} \tag{6-2}$$

$$D_y = l_y(1-q_y) \times \frac{H}{f} \tag{6-3}$$

式中 B_x——实地摄影长度；

D_y——实地航线间隔宽度；

l_x、l_y——像幅长和宽；

p_x、q_y——航向和旁向重叠度。

表 6-1 测图比例尺与地面分辨率对比表

测图比例尺	地面分辨率/cm
1∶500	≤5
1∶1 000	8～10
1∶2 000	15～20

2. 数据接收及预处理系统

数据接收及预处理系统是无人机航空摄影测量系统中最为重要的软件系统，也是无人机航空摄影测量系统室外作业的最后一步，将直接影响后续的图像数据处理质量。

无人机航空摄影测量系统上搭载的成像设备为非量测的普通相机，而且会存在光学镜头加工和装配误差，使航摄影像存在不同程度的非线性光学畸变误差，这会影响影像后期处理的精度。因此，对原始影像进行定量分析之前应该进行畸变差改正。

由于原始影像在拍摄时仍存在不均匀光照、不同拍摄角度和时相差等问题，获取影像时也会有顺光或逆光的情况，影像之间存在辐射差异，因此应该对影像进行归一化匀光匀色处理，使影像数据在亮度、饱和度和色相方面保持良好的统一，保证影像的增强处理能够过渡自然并且具有较为理想的可读性，从而可以更好地应用到生产实践中。

6.3 无人机航摄传感器及选择

用于航空摄影的无人机上常用的传感器有光学相机、集成倾斜摄影相机、机载激光雷达、红外传感器等。在实际作业中，根据测量任务的不同，配置相应的任务荷载。

6.3.1 光学相机

由于无人机的体积和承重能力有限，用于无人机航摄的光学荷载一般要求质量轻、体积小。目前，国内外无人机上使用的光学荷载主要有飞思、哈苏等中画幅数码相机和尼康、佳能、索尼、富士、徕卡及三星等小画幅数码单反相机。这类相机系统机身重量（不含镜头）较轻，外形尺寸较小，有效像素一般在 8 000 万像素以下，像元尺寸为 3.9~6.4 μm。图 6-2 所示为 eBee Plus 固定翼无人机搭载的一款专为无人机摄影测量而设计的 sensefly S.O.D.A 相机，其具有 2 000 万像素，传感器尺寸为 1 in，像素间距为 2.33 mm，地面采样间隔（飞行高度为 122 m 时）为 2.9 cm/像素。

图 6-2　sensefly S.O.D.A. 相机

6.3.2 倾斜摄影相机

倾斜摄影测量技术是国际测绘遥感领域近年发展起来的一项高新技术。该技术通过从垂直和倾斜的视角同步采集影像，获取丰富的建筑物顶面及侧面的高分辨率纹理。其不仅能够真实地反映地物情况，高精度地获取地物的纹理信息，还可以通过先进的定位、融合和建模等技术，生产真实的三维城市模型，如图 6-3 所示。

按配置相机数量分类，倾斜摄影相机

图 6-3　倾斜摄影测量原理示意

可分为五镜头倾斜相机(图 6-4)、三镜头倾斜相机(图 6-5)和两镜头倾斜相机。其中，两镜头倾斜相机又可细分为固定角度两镜头倾斜相机和可倾斜角度两镜头倾斜相机。五镜头倾斜相机适用于不同飞行平台，一次飞行完成倾斜摄影测量作业，生产效率较高；三镜头倾斜相机和固定角度两镜头倾斜相机主要适用于固定翼飞行平台，至少两次飞行完成倾斜摄影作业，生产效率较低；可倾斜角度两镜头倾斜相机适用于飞行速度不大于 5 m/s 的旋翼飞行平台，可以一次飞行完成倾斜摄影作业，生产效率较低。

图 6-4　徕卡 RCD30 五镜头倾斜相机

图 6-5　Trimble AOS 三镜头倾斜相机

6.3.3　多光谱成像仪

多光谱成像仪在航天航空平台上有广泛的应用。无人机平台轻便、灵活、成本低，如果将多光谱成像仪进行相应的轻小型化、低成本化改进，再将其与轻小型无人机配合，将极大地推动光谱成像仪的普及和应用。多光谱成像仪在农业上的应用很多，如农作物长势分析、作物类别鉴定、病虫害防治分析和量产评估等。

图 6-6 所示为 Parrot Sequoia 农业遥感用多光谱相机，是专为农业应用而设计的多光谱传感器。使用 Parrot Sequoia 农业遥感多光谱相机获取绿光(波长为 550 nm，带宽为 40 nm)、红光(波长为 660 nm，带宽为 40 nm)、红边光(波长为 735 nm，带宽为 10 nm)和近红外光(波长为 790 nm，带宽为 40 nm)等多光谱带农田图像，以便测量植被状态。

图 6-6　Parrot Sequoia 农业遥感用多光谱相机

6.4 无人机及航空摄影机型选择

利用无人机进行摄影测量，应首先根据任务、项目的技术要求，选择合适型号的无人机。根据飞行平台的不同，无人机可分为固定翼无人机、多旋翼无人机、无人直升机、无人飞艇、无人伞翼机等。

6.4.1 固定翼无人机

固定翼无人机（图 6-7）续航时间较长，故飞行距离较远；飞行速度较快，飞行高度较高，在高原空气密度较低的环境中仍可以可靠应用。

固定翼无人机也有很多缺点，如飞行过程中无法做过多机动性动作，起飞需要跑道或者弹射架，飞机爬升一定高度需要一片空旷区域，不能做到垂直起降，飞机降落需要伞降或者滑跑降落，降落精度和安全性不高。

图 6-7　eBee Plus 固定翼无人机

6.4.2 多旋翼无人机

多旋翼无人机（图 6-8）载重较轻，续航时间短，荷载一般不超过 5 kg，滞空时间短，无法完成长距离大面积地理信息测绘；但其操控性强，可垂直起降和悬停，主要用于低空、低速、有垂直起降和悬停要求的任务类型。多旋翼无人机在城市三维建模中或地形较为复杂的区域具有非常明显的优势。

图 6-8　大疆 Phantom 4Pro 四旋翼无人机

6.5 无人机航摄数据处理

6.5.1 无人机航空摄影测量成果类型

1. 数字高程模型

数字高程模型(Digital Elevation Model,DEM)是在一定范围内通过规则格网点描述地面高程信息的数据集,用于反映区域地貌形态的空间分布,即采用一组阵列形式的有序数值表示地面高程的一种实体地面模型。

2. 数字正射影像图

数字正射影像图(Digital Orthophoto Map,DOM)是以航空或航天遥感影像(单色/彩色)为基础,经过辐射改正、数字微分纠正和镶嵌处理,按地形图范围裁剪成的影像数据,并将地形要素的信息以符号、线画、注记、千米格网和图廓整饰等形式添加到影像平面上,形成以栅格数据形式存储的影像数据库。它具有地形图的几何精度和影像特征。

3. 数字线画地形图

数字线画地形图(Digital Line Graphic,DLG)是地形图上基础地理要素的矢量数据集,而且保存各要素间的空间关系和相关的属性信息。数字线画地形图表达的地图要素和现有地形图基本一致,可以方便地实现空间数据和属性数据的管理、查询和空间分析以及制作各种精细的专题地图,是目前应用最广泛的数字测绘成果形式。

6.5.2 无人机摄影测量数据处理流程

无人机摄影测量数据处理流程主要包括数据预处理、影像拼接、产品生产等。主要工作内容包括以下几项:

(1)准备无人机原始航摄影像、航摄信息、测区资料等。

(2)输入相机参数信息,进行相片畸变差校正。无人机所搭载的是非量测型焦距固定的普通数码相机,光学系统存在着非线性集合失真。因此,无人机航测数据必须对相片作畸变差校正。

(3)利用 POS 数据和测区像控资料,进行空三加密,获取空三加密成果。解析空中三角测量,原理是利用空中连续拍摄的具有一定重叠的航摄相片,依据少量野外控制点的地面坐标和相应的像点坐标,根据像点坐标和地面点坐标的三点共线的解析关系或两条同名光线共面的解析关系,建立与实际相似的数字模型,按最小二乘法原理,用计算机解算,求出每张影像的外方位元素和任一像点所对应地面点的坐标。

(4)利用空三加密成果,制作 DEM,生成 DEM 成果。

(5)在 DEM 的基础上,制作 DOM,得到 DOM 成果。

6.6 无人机摄影测量实例

6.6.1 利用固定翼无人机制作 DOM

采用 eBee Plus 固定翼无人机，航线规划采用 eMotion3 软件（图 6-9），数据处理采用 Pix4 DMapper 软件，生成的成果为 DEM 和 DOM。

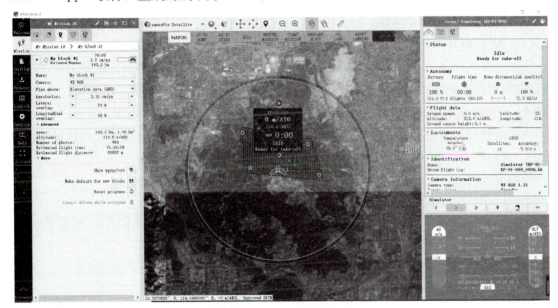

图 6-9　eMotion3 软件界面

1. eBee Plus 固定翼无人机介绍

eBee Plus 是瑞士 sensefly 公司的一款固定翼航空摄影测量无人机，续航时间长达近 1 h，内置 RTK/PPK 功能，搭载专为摄影测量而优化设计的 RGB 传感器 sensefly S.O.D.A 相机，配置 sensefly 最新一代飞行 & 数据管理软件 eMotion 3。在内置 RTK 功能被激活时，eBee Plus 固定翼无人机在无地面控制点的情况下，水平/垂直的绝对精度可达 3 cm/5 cm，适用于要求以测绘级精度高效收集数据的专业领域。

2. 作业流程

（1）利用 eMotion3 软件进行航线规划；

（2）确认飞机及相机电力饱满并已装载记忆卡；

（3）确认半径为 20 m 的开阔空间以利于机体起降；

（4）机体平放于预起降点，eMotion3 与机体连线确认；

（5）计算机将航线资料上传；

（6）将机体前后摇动 3 次，启动马达，逆风手抛机体；

(7)实时监控飞行路径与飞行作业过程;

(8)完成作业后,机体回到原起飞点降落;

(9)取出记忆卡中的资料,任务完成。

3. 数据处理

利用 Pix4 DMapper 软件进行数据处理,如图 6-10 所示,其步骤如下:

(1)原始资料准备。原始资料包括影像数据、POS 数据以及控制点数据。确认原始数据的完整性,检查获取的影像中有没有质量不合格的相片。

(2)建立工程并导入数据。打开 Pix4 DMapper,选择"项目"→"新建项目"选项,在弹出的对话框中设置工程的属性,输入工程名字,设置路径(工程名字以及工程路径不能包含中文)。勾选"新建项目",然后单击"下一步"按钮,添加图像,选择加入的影像。

(3)全自动处理。单击菜单栏中的"运行"按钮,选择"本地处理"选项,系统出现图 6-11 所示的对话框。系统按照默认的参数设置自动对数据进行初始化处理,点云和纹理生成,DSM、正射影像生成。如果需要修改参数,单击"处理选项"按钮进行修改。

(4)质量报告分析。处理结束后,系统会自动生成质量分析报告,主要关注区域网空三误差、自检校相机误差、控制点误差等内容。

(5)点云以及正射影像编辑输出。可以选择范围,对点云以及正射影像进行输出。

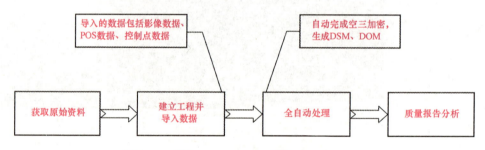

图 6-10 利用 Pix4 DMapper 数据处理作业流程

图 6-11 Pix4 DMapper 数据处理界面

6.6.2 利用多旋翼无人机进行倾斜摄影测量

采用大疆 Phantom 4Pro 四旋翼无人机,用 DJI GO4 软件设置相机参数,用 Altizure 软件进行航线规划和航拍控制,采用 Smart3D Capture 软件进行数据处理,成果为三维模型和 DOM。

1. 大疆 Phantom 4Pro 四旋翼无人机介绍

大疆 Phantom 4Pro 是一款大疆创新科技有限公司出品的四旋翼无人机,由飞行器、遥控器、云台相机以及配套使用的 DJI GO4 App 组成。机身配备先进的视觉定位及障碍物感知系统,能够实现指点飞行与智能跟随等功能,并可自动返航以及在室内稳定悬停、飞行。Phantom 4Pro 配备的是 20 mm 低畸变广角相机以及 1 in COMOS 图像传感器,可稳定拍摄 4K 超高清视频与 2 000 万像素照片。

2. 作业流程

(1)第一次使用 Altizure 软件自动飞行之前,需要打开 DJI GO4 软件,连接飞机设置相机参数。

(2)连接成功后就可以打开 Altizure 软件,选择对应的机型,单击"进入"按钮,单击任务图标。

(3)确定任务区域,将手指放在绿色方块上移动,使绿色区域覆盖建模对象,拖动四个角上白色的点可以改变绿色区域的大小,拖动最上边的点可以旋转拍摄,区域左下角会显示该次飞行任务覆盖区域的大小和完成每条航线的预计时间。

(4)编辑任务,此时需要确定飞行高度,飞行高度一般设置为白色阴影范围内最高建筑物高度的 1.5 倍(保证安全)。

(5)在高级设置里,设置航向重叠率和旁向重叠率,如果只需要正射影像,两个设置为 70%,如果要生成三维模型,重叠率最好达到 85% 以上。

(6)设置完毕后,单击"保存"按钮。

(7)起飞前,设置返航高度。

(8)单击"开始任务"按钮,飞机就会自动起飞,原地爬升到之前设置的执行任务的高度。注意此时左下角飞机的高度和速度。

(9)执行完毕第一条航线后,有三个选项。如果只需要正射影像,单击"返航"按钮,飞机会原地升降到返航高度,然后飞至降落点降落。如果要生成三维模型,就需要第二个选项,开始路线 2,单击第二个选项后,屏幕会显示第二条任务上传的进度,上传完毕后,执行第二个任务。如果有其他操作,单击"悬停"选项,飞机就会悬停在上一条航线的结束处。

(10)单击"返航"按钮后,此时手机屏幕左下角飞机的高度就是之前设置的返航高度。

(11)此时,飞机已安全落地。

3. 数据处理

利用 Smart3D Capture 软件进行数据处理,其步骤如下:

(1)导入照片。启动 ContextCapture Center Master 模块,新建一个项目和新的区块,将待三维重建的照片导入区块中。

(2)进行空三计算。照片导入完毕后,提交空三运算。提交空三运算前,要先启动 ContextCapture Center Engine 模块。

(3)生成三维模型。回到 General 模块,提交生成产品。格式一般选择 OSGB。生成后可以到 Acute3D viewer 软件中进行预览，如图 6-12 所示。

(4)生成正射影像图和 DSM。三维模型成功生成后，在重建区块再次提交生成产品，产品类型选择 Orthophoto/DSM，产品的格式选择 TIFF 格式。处理完毕后，生成 TIFF 格式的正射影像图，如图 6-13 所示。

图 6-12 利用 Smart3D Capture 软件生成的三维模型

图 6-13 生成的正射影像图

思考与练习

1. 简述无人机摄影测量技术的特点和应用前景。
2. 结合具体机型，叙述固定翼无人机摄影测量的作业流程及注意事项。
3. 结合具体机型，叙述旋翼无人机摄影测量的作业流程及注意事项。

第 7 章 大比例尺数字地形图测绘

7.1 地形图的基本知识

地形包括地物和地貌,地物是人工建造的或天然形成的具有明显的外围轮廓的地面定着物,地貌则是地面高低起伏变化的各种形态。地形图是正射投影图。在城市和工程建设的总体规划、初步规划设计阶段一般使用 1∶2 000、1∶5 000 和 1∶10 000 的地形图,在详细规划设计和施工设计阶段使用 1∶500、1∶1 000 和 1∶2 000 的地形图。1∶500、1∶1 000 和 1∶2 000 的地形图属于大比例尺地形图。

7.1.1 地形图的比例尺

1. 比例尺的表示方法

图上任一线段的长度与地面上相应线段的水平距离之比,称为地形图的比例尺。比例尺的表示形式有数字比例尺和图示比例尺两种。

(1)数字比例尺。以分子为 1、分母为整数的分数形式表示的比例尺称为数字比例尺。设图上一直线段长度为 d,其相应的实地水平距离为 D,则该图的比例尺为

$$\frac{d}{D}=\frac{1}{M} \tag{7-1}$$

式中 M——比例尺分母。M 越小,比例尺越大,地形图表示的内容越详尽。

(2)图示比例尺。常用的图示比例尺是直线比例尺。在绘制地形图时,通常在地形图上同时绘制图示比例尺,图示比例尺一般绘于图纸的下方,具有随图纸同样伸缩的特点,从而减小了图纸伸缩变形的影响。图 7-1 所示为 1∶2 000 的直线比例尺,其基本单位为 2 cm。使用时从直线比例尺上直接读取基本单位的 1/10,估读到 1/100。

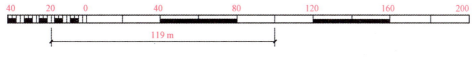

图 7-1 直线比例尺

2. 比例尺精度

人眼的分辨率为 0.1 mm，在地形图上分辨的最小距离也是 0.1 mm。因此，将相当于图上 0.1 mm 的实地水平距离称为比例尺精度。比例尺大小不同，其比例尺精度也不同，见表 7-1。

表 7-1 比例尺精度

比例尺	1∶500	1∶1 000	1∶2 000	1∶5 000	1∶10 000
比例尺精度	0.05	0.1	0.2	0.5	1.0

比例尺精度的概念对测图和设计用图都具有非常重要的意义。例如，在测比例为 1∶2 000 的图时，实地只需取到 0.2 m，因为量得再精细在图上也表示不出来。又如在设计用图时，要求在图上能反映地面上 0.05 m 的精度，则所选的比例尺不能小于 1∶500。

7.1.2 地形图的图外注记

对于一幅标准的大比例尺地形图，图廓外应注有图名、图号、接图表、比例尺、图廓、坐标格网和其他注记等，如图 7-2 所示。

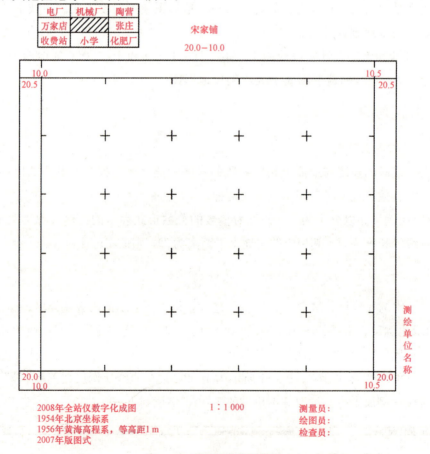

图 7-2 地形图的图外注记

1. 图名、图号、接图表

图名可以采用文字、数字图名并用，这样便于地形图的测绘、管理和使用。文字图名通常是用图幅内具有代表性的地名、村庄或企事业单位的名称命名。数字图名可以由当地测绘部门根据具体情况编制。对于大比例尺地形图，图号一般采用西南角坐标。图名和图号均标注在北图廓上方的中央。接图表在图幅外图廓线左上角，表示本图幅与相邻图幅的邻接关系，各邻接图幅注上图名或图号。

2. 图廓和坐标格网

地形图有内图廓和外图廓。内图廓较细，是图幅的范围线；外图廓较粗，是图幅的装饰线。图幅的内图廓线是坐标格网线，在图幅内绘有坐标格网交点短线，图廓的四角注记有坐标。

3. 其他注记

大比例尺地形图应在外图廓线下面中间位置注记数字比例尺，标明测图所采用的坐标系和高程系，标明成图方式和绘图时执行的地形图图式，注明测量员、绘图员、检查员等。

7.1.3 地物、地貌的表示方法

在地形图上，地物统一按《地形图图式》中的符号绘制。表 7-2 所示为《地形图图式》中的部分地物符号。

1. 地物的表示方法

(1)比例符号。有些地物的轮廓较大，其形状和大小均可依比例尺缩绘在图上，同时配以规定的符号表示，这种符号称为比例符号，如房屋、河流、湖泊、森林等。

(2)半比例符号。对于一些带状或线状延伸地物，按比例尺缩小后，其长度可依测图比例尺表示，而宽度不能依比例尺表示，这种符号称为半比例尺符号。符号的中心线一般表示其实地地物的中心线位置，如铁路、通信线、管道等。

(3)非比例符号。地面上轮廓较小的地物，按比例尺缩小后，无法描绘在图上，应采用规定的符号表示，这种符号称为非比例符号，如水准点、路灯、独立树等。非比例符号的中心位置与实际地物的位置关系如下：

1)规则几何图形符号，如导线点、水准点等，符号中心就是实物中心；

2)宽底符号，如水塔、烟囱等，符号底线中心为地物中心；

3)底部为直角的符号，如独立树等，符号底部的直角顶点反映实物的中心位置。

比例符号、半比例符号与非比例符号不是一成不变的，主要依据测图比例尺与实物轮廓而定。

(4)注记符号。用文字、数字或特有符号对地物加以说明，称为注记符号，如村、镇、工厂、河流、道路的名称，楼房的层数，高程，江河的流向，森林、果树的类别等。

表 7-2 大比例尺地形图地物符号

编号	符号名称	1∶500 1∶1 000 1∶2 000
1	卫星定位等级点 B—等级 14—点号 495.263—高程	3.0 △ B14/495.263
2	导线点 a. 土堆上的 I16、I23—等级、点号 84.46、94.40—高程 2.4—比高	2.0 ○ I16/84.46 a 2.4 ⊙ I23/94.40
3	图根点 1. 埋石 2. 不埋石	1 2.0 ⊡ 12/275.46 2 2.0 □ 19/87.47
4	水准点 Ⅱ—等级 京石 5—点名点号 32.802—高程	2.0 ⊗ Ⅱ京石5/32.805
5	单幢房屋 　a. 一般房屋 　b. 裙楼 　　b1. 楼层分割线 　c. 有地下室的房屋 　d. 简易房屋 　e. 突出房屋 　f. 艺术建筑 混、钢——房屋结构 2、3、8、28——房屋层数 (65.2)——建筑高度 —1——地下房屋层数	a 混3 b 混3 b1 混8 0.1 ..0.2 a c d 3 c 混3-1 d 简2 b 3 8 0.1 ..0.2 e 钢28 f 艺28 艺(65.2) e f 28 1.0 0.2 0.2
6	建筑中房屋	建 2.0 1.0
7	棚房 　a. 四边有墙的 　b. 一边有墙的 　c. 无墙的	a 1.0 b 1.0 c 1.0 1.0 0.5

续表

编号	符号名称	1:500 1:1 000 1:2 000
8	台阶	
9	围墙 　a. 依比例尺 　b. 不依比例尺	
10	栅栏、栏杆	
11	篱笆	
12	水塔 　a. 依比例尺的 　b. 不依比例尺的	
13	烟囱及烟道 　a. 烟囱 　b. 烟道 　c. 架空烟道	
14	普通路灯、艺术景观灯 　a. 普通路灯 　b. 艺术景观灯	
15	等级公路 2—技术等级代码 (G301)国道名称	
16	乡村路 　a. 依比例尺 　b. 不依比例尺	
17	高压线	
18	配电线	
19	给水检修井孔	

续表

编号	符号名称	1∶500　1∶1 000　1∶2 000
20	排水(污水)检修井孔	2.0 ⊕
21	煤气、天然气、液化气检修井孔	2.0 ⊙
22	消防栓	1.6 2.0 ⊟ 3.0
23	污水、雨水篦子	⊖ ∷0.5　　⊞ ∷1.0 2.0　　　　　2.0
24	运河	══════════ 0.25
25	沟渠 　a. 低于地面的 　b. 高于地面的 　c. 渠首	a 　　　　　0.2 b 2.0 　2.5　0.2 3.0 c 0.5
26	湖泊 龙源——湖泊名称 (咸)——水质	龙湖(咸)
27	池塘	
28	地面河流 　a. 岸线 　b. 高水位岸线 清江——河流名称	0.5　3.0　1.0 b 　　　　　　　a 清江
29	旱地	1.3　2.5 ⊥　　　⊥ 　　　　　　10.0 ⊥　　　⊥ 10.0
30	水生作物地 　a. 非常年积水的菱——品种名称	Y　10.0　Y 　菱　10.0 a 菱 Y　　　　Y 　3.0　1.0
31	花圃、花坛	ψ　　　ψ 1.5　　　　10.0 ψ 1.5　ψ 10.0

108

续表

编号	符号名称	1:500 1:1 000 1:2 000
32	菜地	
33	成林	
34	草地 　a. 天然草地 　b. 改良草地 　c. 人工牧草地 　d. 人工绿地	
35	等高线 　a. 首曲线 　b. 计曲线 　c. 间曲线 　d. 曲肋曲线 　e. 草绘等高线	
36	人工陡坡 　a. 未加固的 　b. 已加固的	

续表

编号	符号名称	1∶500 1∶1 000 1∶2 000
37	斜坡 a. 未加固的 　a1. 天然的 　a2. 人工的 b. 已加固的	a1 a2 b

2. 地貌的表示方法

地貌在地形图上一般用等高线表示。用等高线表示地貌既能表示地面高低起伏的形态，又能表示地面的坡度和地面点的高程。

(1)等高线。等高线是地面上高程相等的相邻点连接成的闭合曲线。图 7-3 所示为一山头，设想当水面高程为 90 m 时与山头相交得一条交线，线上的高程均为 90 m。若水面向上涨 5 m，又与山头相交得一条高程为 95 m 的交线。若水面继续上涨至 100 m，又得一条高程为 100 m 的交线。将这些交线垂直投影到水平面得到三条闭合曲线，注上高程，就可在图上显示出山头的形状。

两条相邻等高线的高差称为等高距，常用的有 1 m、2 m、5 m、10 m 等几种，

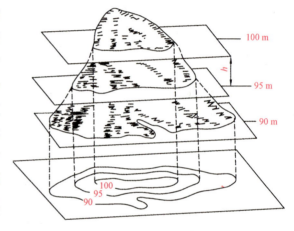

图 7-3　用等高线表示地貌的方法

根据地形图的比例尺和地面起伏的情况确定。在一张地形图上，一般只用一种等高距，如图 7-3 所示的等高距 $h=5$ m。

在图上两相邻等高线之间水平距离称为等高线平距，简称平距。

地形图上按规定的等高距勾绘的等高线，称为首曲线或基本等高线。为便于看图，每隔四条首曲线描绘一条加粗的等高线，称为计曲线。例如，等高距为 1 m 的等高线，则高程为 5 m、10 m、15 m、20 m……5 m 倍数的等高线为计曲线；又如等高距为 2 m 的等高线，则高程为 10 m、20 m、30 m……10 m 倍数的等高线为计曲线。一般只在计曲线上注记高程。在地势平坦地区，为更清楚地反映地面起伏，可在相邻两首曲线间加绘等高距一半的等高线，称为间曲线。

(2)几种典型地貌等高线的特征。图 7-4(a)、(b)所示为山丘和盆地的等高线，其由若干圈闭合的曲线组成，根据注记高程才能对两者加以区别。自外圈向里圈逐步升高的是山丘，自外圈向里圈逐步降低的是盆地。图中垂直于等高线顺山坡向下画出的短线，称为示坡线，它指出降低的方向。图 7-4(c)所示为山脊与山谷的等高线，均与抛物线形状相似。山脊的等高

线是凸向低处的曲线，各凸出处拐点的连线称为山脊线或分水线。山谷的等高线是凸向高处的曲线，各凸出处拐点的连线称为山谷线或集水线。山脊或山谷两侧山坡的等高线近似于一组平行线。鞍部是介于两个山头之间的低地，地形呈马鞍形，其等高线的形状近似于两组双曲线簇，如图 7-4(d)所示。梯田及峭壁的等高线及其表示方法，如图 7-4(e)、(f)所示。在特殊情况下，悬崖的等高线出现相交的情况，覆盖部分为虚线，如图 7-4(g)所示。在坡地上，由雨水冲刷形成的狭窄而深陷的沟叫冲沟，如图 7-4(h)所示。

上述每一种典型的地貌形态，可以近似地看成由不同方向和不同斜面所组成的曲面，相邻斜面相交的棱线，在特别明显的地方，如山脊线、山谷线、山脚线等，称为地貌特征线或地性线。这些地性线构成了地貌的骨骼，地性线的端点或其坡度变化处，如山顶点、盆底点、鞍部最低点、坡度变换点，称为地貌特征点，它们是测绘地貌的重要依据。

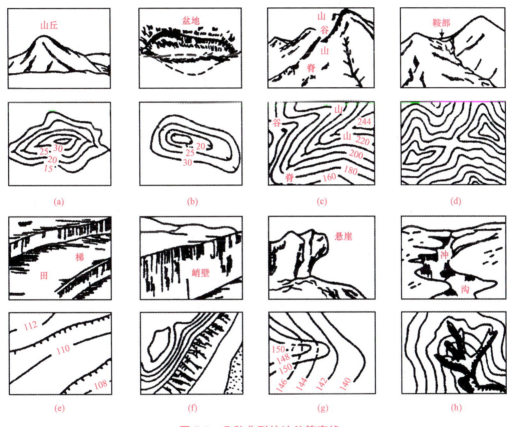

图 7-4 几种典型的地貌等高线

(a)山丘；(b)盆地；(c)山脊、山谷；(d)鞍部；(e)梯田；(f)峭壁；(g)悬崖；(h)冲沟

图 7-5 所示为各种典型地貌的综合等高线。

(3)等高线的特性。从上面的叙述中，可概括出等高线具有以下几个特性：

1)在同一等高线上，各点的高程相等。

2)等高线应是自行闭合的连续曲线，不在图内闭合就在图外闭合。

3)除在悬崖处外，等高线不能相交。

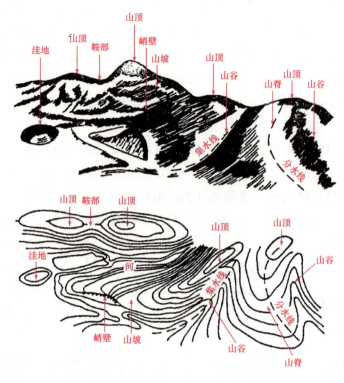

图 7-5 各种地貌的综合等高线

4)地面坡度是指等高距 h 及平距 d 之比,用 i 表示,即 $i=\dfrac{h}{d}$。在等高距 h 不变的情况下,平距 d 越小,即等高线越密,则坡度越陡;反之,如果平距 d 越大,即等高线越疏,则坡度越缓。当几条等高线的平距相等时,表示坡度均匀。

5)等高线通过山脊线和山谷线时,必须改变方向,而且与山脊线、山谷线垂直相交。

表示地貌除等高线外,还有斜坡、陡坎(表 7-2)和高程注记点。

7.2 测图前的准备工作

7.2.1 收集资料

(1)收集政策性和技术性的文件。测绘工作开始前应收集与测绘工作相关的政府文件、上级部门的文件和技术性规定,如《工程测量规范》《大比例尺地形图机助制图规范》等,以作为测量工作的依据和参考。

(2)收集项目招标书、项目合同书、测量工作任务书等有关资料。

(3)收集现有控制点资料,包括控制点成果表、点之记等。

(4)收集有关图件资料。收集能用作测量工作用图的资料,如测绘区域现有地形图资料、《地形图图式》《地形图要素分类与代码》等。

7.2.2 现场踏勘考察

现场踏勘主要了解测区的自然地理状况,气候、土壤、植被等自然因素,民风民俗、交通、治安、卫生等人文因素和测区已有成果质量、分布、完好程度、作业的难度等级等技术因素,并形成踏勘报告。

7.2.3 编写技术设计书

为了保证测图成果符合技术标准、满足客户要求,并获得最佳的社会效益和经济效益,测图之前应进行技术设计。技术设计书的内容主要如下:

(1)概述:说明项目来源、内容和目标、作业区范围和行政隶属、任务量、完成期限等。

(2)作业区自然地理概况:包括作业区的地形情况和地貌特征、地形类别、困难类别、海拔高度、相对高差、气候情况以及其他需要说明的情况。

(3)已有资料情况:说明已有资料的数量、形式、主要质量情况和评价,说明已有资料的可用性和利用方案等。

(4)引用文件和作业依据:说明编写技术设计书所引用的标准、规范和其他技术文件。

(5)主要指标和技术规格:说明成果的种类与形式、坐标系统、高程基准、比例尺、分带、投影方法、数据内容、数据格式、数据精度及其他技术指标等。

(6)设计方案。

1)硬件、软件配置:硬件包括主要仪器、数据处理设备、数据存储设备、数据传输设备等;软件包括主要应用的处理软件和应用软件。

2)技术路线和工艺流程:主要包括生产过程和各个环节的衔接,规定生产作业的主要过程和接口关系。

3)技术规定:包括作业过程、作业方法和技术、质量要求。

4)上交资料和归档成果:规定上交和归档成果内容、要求和数量。其中成果数据要求规定数据内容、组织、格式、存储介质等,而文档资料要求规定上交资料的类型(如技术设计文件、技术总结、质量检查验收报告、记录手簿等)及数量。

5)质量保证措施和要求:要求阐明组织管理措施、资源保证措施、质量控制措施、数据安全措施等。

(7)进度安排和经费预算:对各个工序的进度安排和经费预算作出规定和说明。

(8)附录:进一步说明的技术要求以及相关的附图、附表等。

7.2.4 准备人员、设备

测图之前,应根据测图任务的工作量和难度系数进行人员的组织、配备和技术培训,并完成设备的配置和仪器的检验校正等。

7.3 控制测量

地形图测绘的外业工作主要是控制测量和碎部测量。控制测量就是建立图根控制网，控制测量包括图根平面控制测量和图根高程控制测量，为碎部测量提供基础数据，起整体架构和精度控制作用。

目前我国已建立起较为完整的国家控制网，各地也建立了地方控制网。所以，地形图测绘在收集资料阶段一定要收集国家和地方的控制点数据，并对这些控制点的数量、等级、分布、完好程度进行充分调查、分析，用以确定图根控制测量的方式。

用于地形图测绘的控制点称为图根点。图根点数量一般不少于表 7-3 的规定。

表 7-3 图根点数量

测图比例尺	图幅尺寸/cm	图根点数量/个		
		全站仪测图	GPS-RTK 测图	平板测图
1∶500	50×50	2	1	8
1∶1 000	50×50	3	1—2	12
1∶2 000	50×50	4	2	15
1∶5 000	40×40	6	3	30

7.3.1 图根平面控制测量

图根平面控制测量，可采用图根导线、极坐标法、边角交会法和 GPS 测量等方法。

(1)图根导线一般布设为附合导线为宜，其技术指标按表 7-4 执行。

表 7-4 图根导线的技术指标

导线长度	相对闭合差	测角中误差/(″)		方位角闭合差/(″)	
		一般	首级控制	一般	首级控制
≤$a×M$	≤$1/(2\,000×a)$	30	20	$60\sqrt{n}$	$40\sqrt{n}$

表 7-4 中 a 为比例系数，取值宜为 1，当采用 1∶500、1∶1 000 比例尺测图时，可在 1～2 之间选用。M 为比例尺的分母，但对于工矿区现状测量，无论测图比例尺大小，M 均取值 500。隐蔽或施测困难地区导线相对闭合差可适当放宽，但不应大于 $1/(1\,000×a)$。

对于难以布设附合导线的地区，可布设成支导线。支导线的水平角观测可用 6″级经纬仪施测左、右角各一测回，其圆周角闭合差不应超过 40″。边长应往返测，其较差的相对误差不应大于 1/3 000。导线平均边长及边数，不应超过表 7-5 的规定。

表 7-5 支导线的平均边长及边数

测图比例尺	平均边长/m	边数
1∶500	100	3
1∶1 000	150	3
1∶2 000	250	4
1∶5 000	350	4

(2) 用极坐标法时，宜采用全站仪角度距离各测一测回。测量限差按表 7-6 执行。

表 7-6 极坐标法测量限差

半测回归零差/(″)	两半测回角度较差/(″)	测距读数较差/mm	正倒镜高差较差/m
≤20	≤30	≤20	≤h_d/10

注：h_d 为基本等高距(m)。

极坐标法图根测量的边长，不应大于表 7-7 的规定。

表 7-7 极坐标法图根测量的最大边长

比例尺	1∶500	1∶1 000	1∶2 000	1∶5 000
最大边长/m	300	500	700	1 000

(3) GPS 测量宜采用 GPS-RTK 方法直接测定图根点的坐标和高程。对每个图根点均应进行同一参考站或不同参考站下的两次独立测量，其点位误差不应大于图上 0.1 mm，高程较差不应大于基本等高距的 1/10。作业前，宜检测 2 个以上不低于图根精度的已知点，检测结果与已知成果的平面较差不应大于图上 0.2 mm，高程较差不应大于基本等高距的 1/5。

(4) 测边交会和测角交会其交会角应为 30°～150°，观测误差应满足极坐标法测量误差限差要求。分组计算所得坐标较差，不应大于图上 0.2 mm。

7.3.2 图根高程控制测量

图根高程控制测量，可采用图根水准、电磁波测距三角高程等方法。

(1) 图根水准起算点的精度不低于四等水准高程点。主要技术指标按表 7-8 执行。

表 7-8 图根水准的主要技术指标

每千米高差全中误差/mm	附合线路长度/km	水准仪型号	视线长度/m	观测次数		往返较差、附合或环形线路闭合差/mm	
				附合或环形线路	支水准线路	平地	山地
20	≤5	DS$_3$	≤100	往 1 次	往返各 1 次	$40\sqrt{L}$	$12\sqrt{n}$

表7-8中 L 为往返测段、附合或环线线路的长度(km)，n 为测站数。支水准线路长度不应大于 2.5 km。

(2)电磁波测距三角高程起算点的精度应不低于四等水准高程点，并符合表7-9规定的技术要求。

表7-9 电磁波测距三角高程的主要技术指标

每千米高差全中误差/mm	附合线路长度/km	仪器等级精度	中丝法测回数	指标差较差/(″)	垂直角较差/(″)	对向观测高差较差/mm	附合或环形线路闭合差/mm
20	≤5	6″级	2	25	25	$80\sqrt{D}$	$40\sqrt{\sum D}$

注：D 为电磁波测距边的长度(km)。

7.4 野外数据采集

野外数据采集是地形图测绘的另一项外业工作，是在控制测量的基础上，以图根控制点为测站，测出其周围地物、地貌特征点的坐标和高程，记录数据并现场绘制草图。

反映地物轮廓和几何位置的点称为地物特征点，如房屋、道路中线或边线，河岸线，各种地物的转折、交叉、变向点等。地貌则可近似看作由许多形状、大小、坡度方向不同的斜面组成，这些斜面的交线或棱线通常叫作地性线。地性线上的坡度变化点和方向改变点、峰顶、鞍部的中心、盆地的最低点等都是地貌特征点。地物和地貌特征点统称为碎部点。地形图测绘就是要测绘出必要的碎部点并以规定的图式符号表示出来。

野外数据采集方法常用全站仪数据采集方法和RTK数据采集方法。

7.4.1 碎部点的选择

测绘地形图的精度和速度与能否正确合理地选择碎部点有着密切的关系，因此必须了解测绘地形图的有关技术要求，掌握地形的变化规律，并能根据测图比例尺的大小和用图目的等对碎部点进行综合取舍。图7-6所示为选择碎部点示意。

1. 地物特征点的选择

(1)能用比例符号表示的地物特征点的选择。能按比例尺测绘出形状和大小的地物，以其轮廓点为地物特征点，如居民地等。但由于地物形状不规则，一般规定地物在图上的凸凹部分大于0.4 mm的轮廓点选为地物特征点，否则忽略不计。

(2)用半依比例符号表示的地物特征点的选择。对于一些线状地物，如道路、管线等，当其宽度无法按比例尺在图上表示时，只对其位置和长度进行测定，这些地物的起始点和中途方向或坡度变换点选作地物特征点。

图 7-6　选择碎部点示意

(3)非比例符号地物特征点的选择。对于不能在图上按比例尺表示的独立地物,如电杆、水井、三角点、纪念碑等,应以其中心位置作为地物特征点。

2. 地貌特征点的选择

(1)能用等高线表示的地貌特征点的选择。尽量选择地貌斜面交线或棱线等地性线以及地性线上的坡度变化点和方向改变点、峰顶、鞍部的中心、盆地的最低点等作为特征点,如山头、盆地等。

(2)不能用等高线表示的地貌特征点的选择。以这些地貌的起始位置、范围大小等作为选择依据,如陡崖、冲沟等。

为了能真实地用等高线表示地貌形态,除对明显的地貌特征点必须选测外,还需要其间保持一定的立尺密度,使相邻立尺点的最大间距不超过表 7-10 的规定。

表 7-10　相邻立尺点的最大间距和全站仪最大测距长度

测图比例尺	相邻立尺点的最大间距/m	全站仪最大测距长度/m	
		地物特征点	地貌特征点
1∶500	15	160	300
1∶1 000	30	300	500
1∶2 000	50	450	700
1∶5 000	100	700	1 000

7.4.2　全站仪数据采集方法

全站仪数据采集方法就是利用全站仪测量地形点的三维坐标(x, y, H),记录相应的数据信息,并以图的方式呈现给使用者,宜采用草图法,注意事项如下:

(1)仪器对中误差应不大于 5 mm,仪器高量至 1 mm,至少要量 2 次,相差不超过 5 mm,取平均值作为仪器高。

(2)应选择较远的图根点作为测站定向点,并测量另外图根点的坐标、高程作为测站检核,平面位置不应大于图上 0.2 mm,高差较差不应大于基本等高距的 1/5。测站结束,同样要进行检核。

(3)绘制工作草图和记录数据。在进行数字测图时,如果测区有相近比例尺的地形图,可以利用旧图或影像图并适当放大复制,裁成合适大小作为工作草图。否则,应在数据采集时及时绘制工作草图。草图上应有碎部点点号、地物的相关位置、地貌的地性线、地理名称和说明注记等。对于地物、地貌,尽可能与地形图图式一致。草图上标注的测点编号应与数据采集记录中测点编号一致,地形要素之间的相关位置必须准确。地形图上需注记的各种名称、地物属性等,草图上也必须标记得清楚正确。草图可按地物关系一块一块地绘制,也可按测站绘制。

数据可直接记录在仪器内存,但一般应有纸质记录。记录内容应包括以下几项:
1)一般数据:测区代号、观测日期、天气、气温、气压、观测者、记录者等信息。
2)仪器数据:仪器类型、精度、测距加常数、乘常数等。
3)测站数据:测站点名称或点号、定向点名称或点号、仪器高等。
4)碎部点数据:测点编号、测点属性、测点坐标、高程、连接点号和类型等。

7.4.3 RTK 数据采集方法

RTK 数据采集方法定位精度高,可以全天候作业,点的误差均匀不累积。外业作业简单,只需一个人,属于真正一个人的操作系统。RTK 技术的应用,使地形图测绘逐步摆脱"先控制、后加密、再测图"的作业方式,节省大量的时间以及人力、物力。但 RTK 技术遇到高大建筑或树木等遮挡卫星信号时,则无法工作。因此,可以将 RTK 技术和全站仪测图结合使用,即用 RTK 技术完成图根控制测量和空旷地区的地形测绘,用全站仪完成村庄树林等地的地形图测绘。

使用 RTK 数据采集方法前应先确定坐标转换参数,并对其精度进行检验,点平面较差应不大于 5 cm,高差较差不应大于 $30\sqrt{D}$ mm(D 为参考站至检查点的距离,以 km 为单位),若超限,应重新建立转换参数,且转换参数应用不应超越转换参数的覆盖范围。

测图前同样要先测量图根点,进行检核,平面位置不应大于图上 0.2 mm,高差较差不应大于基本等高距的 1/5。结束前,同样要进行检核。

同样采用草图法,草图绘制与数据记录非常重要,任何失误都可能造成数据作废。

7.5 成图软件与地形图绘制

大比例尺数字地形图的成图软件很多,不同的数字成图软件在数据采集方法、数据记录格式、图形文件格式和图形编辑功能等方面各有其特点,但基本上大同小异。本书以广州南方测绘科技股份有限公司开发的 CASS10.1 软件为例,说明数字地形图的成图方法。

7.5.1 数据导出

使用全站仪或 RTK 数据采集方法所采集的数据可以在测量结束后导出,导出格式选择 CASS 格式(编号,y 坐标,x 坐标,H 高程),导出后拷贝到 U 盘上,将文件重命名为以 ".dat"为后缀的文件。

7.5.2 内业成图

CASS10.1 的界面如图 7-7 所示,同 Windows Office 界面类似。

图 7-7 CASS10.1 的界面

1. 准备工作

(1)定显示区。执行"绘图处理"→"定显示区"命令,如图 7-8 所示,根据提示选择数据文件,完成后屏幕下方会显示最大、最小坐标。定显示区的作用是根据输入坐标数据大小定义屏幕显示区域的大小,以保证所有点可见。

图 7-8 "绘图处理"菜单

(2)输入测图比例尺。在软件提示"输入新比例尺 1:"后输入新比例尺的分母,按回车键。CASS 10.1根据输入的比例尺调整图形实体，修改符号和文字的大小、线型的比例，并且根据骨架线重构复杂实体。

（3）展野外测点点号。单击此功能按钮后，会弹出一个对话框，选择对应的数据文件，单击"打开"按钮，命令区提示"读点完成！共读入n点"，屏幕显示野外测点点号。

用户在执行菜单命令"展野外测点点号"或"展野外测点代码"或"展野外测点点位"后，可以执行"切换展点注记"菜单命令，使展点的方式在"点位""点号""代码"和"高程"之间切换。

图7-9 坐标定位方式屏幕菜单

（4）点号定位。单击屏幕右侧的■按钮，将显示图7-9所示的界面。单击"点号定位"按钮，进入此定点方式时会显示一个对话框，根据提示选择坐标数据文件名，命令栏中将出现提示"读点完成！共读入n个点"。选择点号定位方式，命令栏会提示"点P/＜点号＞："，绘图时可直接输入点号，也可输入"P"后用鼠标捕捉点。如绘制4点房屋，输入4个点的点号，软件直接定位并连接绘制该4点房屋。另外一种绘图定位方式为坐标定位，用鼠标定点也很方便。

2. 图面绘制

（1）控制点。单击图7-9所示界面中的"控制点"按钮，就可以交互展绘各种测量控制点。对照草图输入控制点的点号，然后输入控制点名称，图面上就有该控制点了。

（2）居民地。单击图7-9所示界面中的"居民地"按钮，就可以交互绘制居民地图式符号。如多点房屋，选择"多点房屋"，结合草图按提示输入房屋的拐点点号，也可用鼠标直接点选，将房屋连接成形。输入时，软件提示"闭合C/隔一闭合G/隔一点J/微导线A/曲线Q/边长交会B/回退U/＜指定点＞："，可选其中某一项根据提示操作。

对应提示"曲线Q/边长交会B/闭合C/隔一闭合G/隔一点J/微导线A/延伸E/插点I/回退U/换向H＜指定点＞："，用鼠标定点或选择字母Q、B、C、G、J、A、E、I、U、H。

Q：要求输入下一点，然后系统自动在两点之间画一条曲线；B：用于进行边长交会，用两条边长交会出一点；C：复合线将封闭，该功能结束；G：程序将根据给定的最后两点和第一点计算出一个新点；J：与选G相似，只是由用户输入一点来代替选G时的第一点；A："微导线"功能由用户输入当前点至下一点的左角（度）和距离（m），输入后将计算出该点并连线，要求输入角度时若输入K，则可直接输入左向转角，若直接用鼠标单击，只可确定垂直和平行方向，此功能特别适用于知道角度和距离但看不到点的情况，如房角点被树或路灯等障碍物遮挡时；E："延伸"功能是沿直线的方向伸长指定长度；I："插点"功能是在已绘制的复合线上插入一个复合线点；U：取消最后画的一条；H："换向"功能是转向绘制线的另一端。

（3）独立地物。选取地物的图式符号，输入点的编号或用鼠标给定其定位点。地物符号有时会随鼠标的移动而旋转,此时按鼠标左键确定其方位即可。

(4)交通设施。用于交互绘制道路及附属设施符号,下面以平行道路为例:

1)按提示输入点号以确定道路的一条边线,输入时,软件提示"闭合C/隔一闭合G/隔一点J/微导线A/曲线Q/边长交会B/回退U/＜指定点＞:",可选其中某一项根据提示操作。

2)"拟合线＜N＞?":当确定道路的一条边后,将出现这一提示,如不需拟合,直接按回车键即可,如需要拟合,键入"Y"然后按回车键。

3)"1.边点式/2.边宽式＜1＞:"如选1,用户需用鼠标点取道路另一边任一点;如选2,用户需输入道路的宽度以确定道路的另一边。选2后出现提示"请给出路的宽度(m):＜＋/左,－/右＞:输入道路的宽度。如未知边在已知边的左侧,则宽度值为正;反之为负。"。

交通设施还有些点状、线状和面状的地物,根据提示绘制即可。

(5)管线设施。交互绘制电力、电信、垣栅管线及附属设施等地物。不同管线设施的绘制方法不同。

1)对于点状管线设施,用户只需用鼠标指定该地物的定位点即可,输入点后有些地物符号会随着鼠标的移动旋转,此时移动鼠标确定其方向后按回车键即可。

2)线状管线设施的绘制方法与交通设施的绘制方法相同。有些线状管线设施只需两点(起点和端点)即可确定其位置;有些线状管线设施在输完点以后系统会提示"拟合线＜N＞?",输入"Y"进行拟合,如不需拟合,按鼠标右键或回车键,根据命令栏提示进行操作即可。

(6)水系设施。交互绘制水系及附属设施符号。

1)点状或特殊水系设施。

①单点式:地下灌渠出水口、泉等都属于这种地物。绘制时只需用鼠标给定点位。若给定点位后地物符号随着鼠标的移动而旋转,待其旋转到合适的位置后按鼠标右键或回车键。有的点状地物需要输入高程,根据提示输入高程值即可。

②水闸:操作同交通设施的三点或四点定位。

③依比例水井:用三点画圆的方法来确定依比例水井的位置和形状。依提示输入圆上三点。

2)线状水系设施。

①无陡坎或陡坎方向确定的单线水系设施:绘制这类水系设施时只需根据提示依次输入水系的拐点,然后进行拟合即可。

②陡坎方向不确定的单线水系设施:这类水系设施的绘制方法与第①种大致相同,只是需要确定陡坎方向。依提示"请选择:(1)按右边画(2)按左边画＜1＞:",当输入"1"时干沟的一边向左边生成;当输"2"入时干沟的一边向右边生成。

③示向箭头、潮涨、潮落:输入相应符号的定位点,接着移动鼠标,使符号定位方向满足要求。

④有陡坎的双线水系设施：绘制这类水系设施时一般是先绘出其一边（绘制方法同第②种），然后再用不同的方法绘制另一边。

⑤各种防洪墙：先绘出墙的一边，然后根据提示输入宽度以确定墙的另一边。

⑥输水槽：如果输水槽两边平行，给出一边的两端点及对边上任一点；如果输水槽两边不平行，需给出每一条边的两个点。

3）面状水系设施。画出面状水系设施的边线，然后进行拟合即可。具体操作请注意命令栏提示。

（7）境界线。交互绘制境界线符号，符号都绘制在 JJ 层。绘制境界线符号时只需依次给定境界线的拐点即可。如果需要拟合，根据提示进行拟合。

（8）地貌土质。交互绘制陡坎、斜坡及土质的相应符号。

1）点状元素。绘制时只需用鼠标给定点位，若给定点位后地物符号随着鼠标的移动而旋转，待其旋转到合适的位置后按鼠标右键或回车键。

2）线状元素。

①无高程信息的线状地物（自然斜坡除外）：绘制这类地物时只需根据提示依次输入地物的拐点，然后进行拟合。

②有高程信息的线状地物（包括等高线和陡坎）：绘制这类地物的方法与第①种大致相同，只是需要先输入高程信息。

③自然斜坡：通过画坡顶线和坡底线绘出斜坡。

提示"请选择：(1)选择线(2)画线"，选择(1)时（缺省值），按要求依次选择屏幕上已绘制的坡底线和坡顶线；提示"坡向正确吗<Yes>?"，用户判断坡向是否正确，若正确则直接按回车键，否则输入"n"后再按回车键。选择(2)时，按要求依次给定坡底线定位点（输完后按回车键）和坡顶线定位点（输完后按回车键），系统分别提问坡底线和坡顶线是否要光滑，由用户来判断坡向，最后系统将画出坡底线和坡顶线。

3）面状元素。面状元素包括盐碱地、沼泽地、草丘地、沙地、台田、龟裂地等地物。绘制这类地物时只要根据提示给出地块的各个拐点并画出边界线，然后根据需要进行拟合。

（9）植被园林。交互绘制植被园林的相应符号。

1）点状元素：点状元素包括各种独立树、散树。绘制时只需用鼠标给定点位即可。

2）线状元素：线状元素包括地类界、行树、防火带、狭长竹林等。绘制时用鼠标给定各个拐点，然后根据需要进行拟合。

3）面状元素：面状元素包括各种园林、地块、花圃等。绘制时用鼠标画出其边线，然后根据需要进行拟合。

3. 数字地面模型与等高线

CASS 10.1 可建立数字地面模型，计算并绘制等高线或等深线，自动切除穿建筑物、陡坎、高程注记的等高线，如图 7-10 所示。

（1）建立 DTM，建立三角网。操作过程：单击相应菜单，弹出图 7-11 所示的对话框，首先选择建立 DTM 的方式，分为"由数据文件生成"和"由图面高程点生成"两种。如果选择"由数据文件生成",则在坐标数据文件名中选择坐标数据文件;如果选择"由图面高程点生成",则在绘图区选择参加建立 DTM 的高程点。然后选择结果显示,分为"显示建三角网结果""显示建三角网过程"和"不显示三角网"三种。最后选择在建立 DTM 的过程中是否考虑陡坎和地性线。

图 7-10 等高线绘制菜单

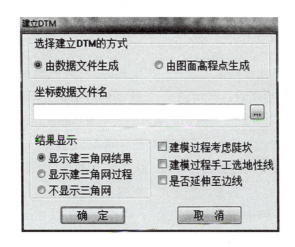

图 7-11 "建立 DTM"对话框

(2)删除三角形。当发现某些三角形内不应该有等高线穿过时,就可以用该功能删去。注意各三角形都和邻近的三角形重边。用鼠标在三角网上选取待删除的三角形后按回车键或单击鼠标右键,三角形消失。当修改完确认无误后,必须将修改结果存盘。

(3)过滤三角形。该功能将不符合要求的三角形过滤掉。执行此功能后,命令区提示"请输入最小角度:(0-30)<10 度>",在 0~30 度之间设定一个角度,若三角形中有小于此设定角度的角,则此三角形会被系统删除掉。根据提示"请输入三角形最大边长最多大于最小边长的倍数:<10.0 倍>",设定一个倍数,若三角形最大边长与最小边长之比大于此倍数,则此三角形会被系统删除掉。

(4)增加三角形。该功能将未连成三角形的三个地形点(测点)连成一个三角形。执行此功能后,命令区提示"依次为顶点 1:顶点 2:顶点 3",用鼠标在屏幕上指定,系统自动将捕捉模式设为捕捉交点,以便指定已有三角形的顶点。增加的三角形的颜色为蓝色,以便和其他三角形区别。当增加完三角形并确认无误后,应立即进行修改结果存盘。

(5)三角形内插点。通过在已有三角形内插一个点来增加建网三角形。输入插入点和高程(m)。

(6)删三角形顶点。删除指定的三角形顶点，适用于 DTM 中有错误点的情况，为避免画等高线时出错将该顶点删除。选取要删除的点，系统会立即从三角网中删除该点，并重组相关区域的三角形。

(7)重组三角形。通过改换三角形公共边顶点重组不合理的三角网。指定两相邻三角形的公共边，系统自动将两三角形删除，并将两三角形的另两点连接起来构成两个新的三角形。

(8)绘制地性线。直接绘制地性线。

(9)加入地性线。由于等高线与地性线是互相垂直的关系，所以，在建三角网时要考虑地性线的位置。

(10)修改结果存盘。将修改好的 DTM 三角网存入文件，以方便随时调用。

(11)删三角网。删除整个 DTM 三角网图形。想单看等高线效果时，需要执行此功能。

(12)绘制等高线。系统自动采用最近一次生成的 DTM 三角网或三角网存盘文件计算并绘制等高线。执行此功能后，弹出图 7-12 所示的对话框。对话框中会显示参加生成 DTM 的高程点的最小高程和最大高程。如果只生成单条等高线，那么就在单条等高线高程中输入此条等高线的高程；如果生成多条等高线，则在"等高距"框中输入相邻两条等高线之间的等高距。最后选择等高线的拟合方式，总共有"不拟合（折线）""张力样条拟合""三次 B 样条拟合"和"SPLINE 拟合"四种拟合方式。观察等高线效果时，可输入较大等高距并选择不光滑，以加快速度。如选"张力样条拟合"，则拟合步距以 2 m 为宜，但这时生成的等高线数据量比较大，速度会稍慢。测点较密或等高线较密时，最好选择"三次 B 样条拟合"，再用"批量拟合"功能对等高线进行拟合。选择"SPLINE 拟合"则用标准 SPLINE 样条曲线来绘制等高线，系统提示"请输入样条曲线容差：<0.0>"，容差是曲线偏离理论点的允许差值。SPLINE 线的优点在于其被断开后仍然是样条曲线，可以进行后续编辑修改；缺点是较"三次 B 样条拟合"容易发生线条交叉现象。

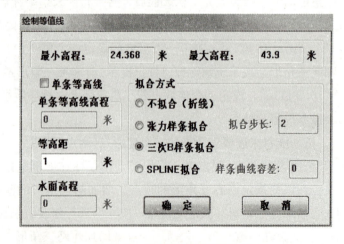

图 7-12 "绘制等值线"对话框

7.5.3 图面分幅与打印

1. 分幅

为了便于使用与保管，地形图通常需要作分幅处理。

(1)批量分幅。批量分幅是在待分幅的图形上以 50 cm×50 cm 或 50 cm×40 cm 的标准图框建立方格网，然后选择输出到文件或图纸空间。输出到文件是将图形保存成 DWG 格式，输出到图纸空间是将图形输出到布局。分幅线处的封闭地物，会自动封闭并填充。

系统提示"请选择图幅尺寸:(1)50×50；(2)50×40；(3)自定义尺寸⟨1⟩"，用户选择图幅尺寸。若选择(3)，则要求给出图幅的长宽尺寸。选择(1)、(2)则提示"输入测区一角"，给定测区一角后，系统提示"输入测区另一角"，给定测区另一角。

(2)标准图幅(50 cm×50 cm)：给已分幅图形加 50 cm×50 cm 的图框。

执行此功能后，会弹出图 7-13 所示的输入图幅信息对话框，输入图幅信息后，单击"确定"按钮，并确定是否删除图框外实体。

单位名称和坐标系统、高程系统可以在加图框前定制。可方便地通过"CASS 10.1 参数设置"→"图廓属性"命令设定或修改各种图形框的图形文件，这些文件放在"\cass90\blocks"目录中，用户可以根据实际情况编辑，然后存盘。50 cm×50 cm 图框文件名是"AC50TK.DWG"，50 cm×40 cm 图框文件名是"AC45TK.DWG"。

(3)标准图幅(50 cm×40 cm)：给已分幅图形加 50 cm×40 cm 的图框。

(4)任意图幅：给绘成任意大小的图形加图框。

执行此功能后，在对话框中输入图幅信息，此时"图幅尺寸"选项区域变为可编辑，输入自定义的尺寸及相关信息即可。

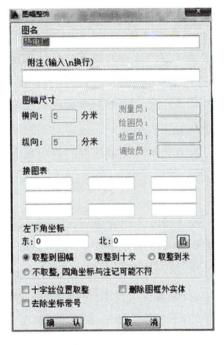

图 7-13 输入图幅信息对话框

2. 打印

将添加了图框的图幅输出，打印成图纸或 PDF 格式文件，具体操作与 CAD 相同。

7.6 检查验收

为了保证地形图的质量，除在施测过程中加强检查外，在地形图测绘完毕后，应对完成的结果、成图资料进行严格的多级检查，对不合格的按情况予以补测或返工。地形图检查的内容包括室内检查和室外检查。

7.6.1 检查

1. 室内检查

(1)图根控制点的密度应符合要求,位置恰当;各项较差、闭合差应在规定范围内;原始记录和计算成果应正确,项目填写齐全。

(2)地形图图廓、方格网应符合要求;测站点的密度和精度应符合规定;地物、地貌各要素测绘应正确、齐全、取舍恰当,图式符号运用正确;图例表填写应完整清楚,各项资料齐全。

(3)检查地物、地貌要素的表达是否完善,地物、地貌要素之间的相对关系是否合理,有无明显的冲突或矛盾,图内注记有无遗漏或差错,如房屋类别、层数、村镇、道路河流、山岭等的名称等。

2. 室外检查

根据室内检查的情况,有计划地制定检查路线,进行实地对照查看,检查地物、地貌有无遗漏,等高线是否合理,符号、注记是否正确等。室外检查时,可携带钢尺,检查图上与实地距离。再根据室内检查和巡视检查发现的问题,到野外设站检查,除对发现的问题进行修正和补测外,还要对本测站所测地形进行检查,看原测地形图是否符合要求。

检查验收以测量规范的各项规定为准。凡作业项目达到规定精度要求的即合格。

7.6.2 检查验收报告

检查验收工作完成后,即编写检查验收报告,随测量成果鉴定归档。检查验收报告的主要内容有以下几项:

(1)参加检查验收的人员、时间和检查方法;

(2)测量各项技术标准合格率及对成果的综合评价;

(3)不合格部分的主要问题类型、性质、数量及处理意见;

(4)对今后利用的测量成果意见及建议。

地形测量成果经检查验收合格的,由检查者负责签字,检查者对成果质量负责;对不合格的测量,验收小组提出纠错的具体意见,待重新检测修订后在适当时候进行补验收。

7.6.3 技术总结报告

地形测量全部工作结束后应编写技术总结报告,主要包括下列内容:

(1)测量区域的地理地貌概况、资料收集及利用情况;

(2)作业依据;

(3)作业程序和方法,包括采用的仪器设备及检校情况、作业的具体方法和过程;

(4)任务实施情况,包括任务实施起止时间、过程及完成情况;

(5)成果精度、质量情况及采取的措施;

(6)技术设计的执行情况、存在的主要问题及处理情况；

(7)检查与处理情况；

(8)成果资料清单；

(9)经验、体会和建议。

思考与练习

1. 地形图按比例尺划分为哪几类？大比例尺地形图包括哪些？
2. 地物符号分为哪几类？
3. 如何表示地貌？
4. 碎部点应如何选择？
5. 控制测量包括哪些内容？有哪些方法？控制测量在地形图测绘过程中起什么作用？
6. 通过书本知识和实训，总结野外数据采集的内容与注意事项。
7. RTK 用于地形图测绘有哪些优势与劣势？
8. 利用绘图软件绘图的主要步骤有哪些？
9. 简述利用绘图软件绘制等高线的过程。
10. 地形图的检查验收包括哪些内容？
11. 简述地形图测绘的工作流程。
12. 以小组为单位完成指定范围的地形图测绘。
13. 不同比例尺地形图上的地物地貌的取舍是不同的，请查找资料，写出大比例尺地形图上的地物地貌是如何取舍的。

第 8 章

地形图的应用

8.1 地形图的基本应用

地形图的应用内容包括：在地形图上，确定点的坐标；求直线的属性和两直线的夹角；确定点的高程和两点之间的高差；勾绘出集水线（山谷线）和分水线（山脊线），标志出洪水线和淹没线；计算指定范围的面积和体积，由此确定地块面积、土石方量、蓄水量、矿产量等；了解各种地物、地类、地貌等的分布情况，计算诸如村庄、树林、农田等数据，获得房屋的数量、质量、层次等资料；截取断面，绘制断面图。利用地形图作底图，可以编绘一系列专题地图，如地质图、水文图、农田水利规划图、土地利用规划图、建筑物总平面图、城市交通图和地籍图等。

8.1.1 求点的坐标

求点的坐标是地形图的基本应用之一，利用 Auto CAD 打开地形图，输入"id"，选择点，即可显示该点坐标。如果是直线或曲线，可输入"list"，显示端点或折点坐标，也可以利用坐标标注显示标注点的坐标，如图 8-1 所示。

8.1.2 确定两点之间的水平距离

在 CAD 界面，确定水平距离的方法如下：
(1) 利用命令 di 或 list，显示两点之间的水平距离，如图 8-2 所示。
(2) 利用对齐标注，标出两点之间的水平距离。

8.1.3 求直线的方位角

在 CAD 界面，确定直线的方位角的方法如下：

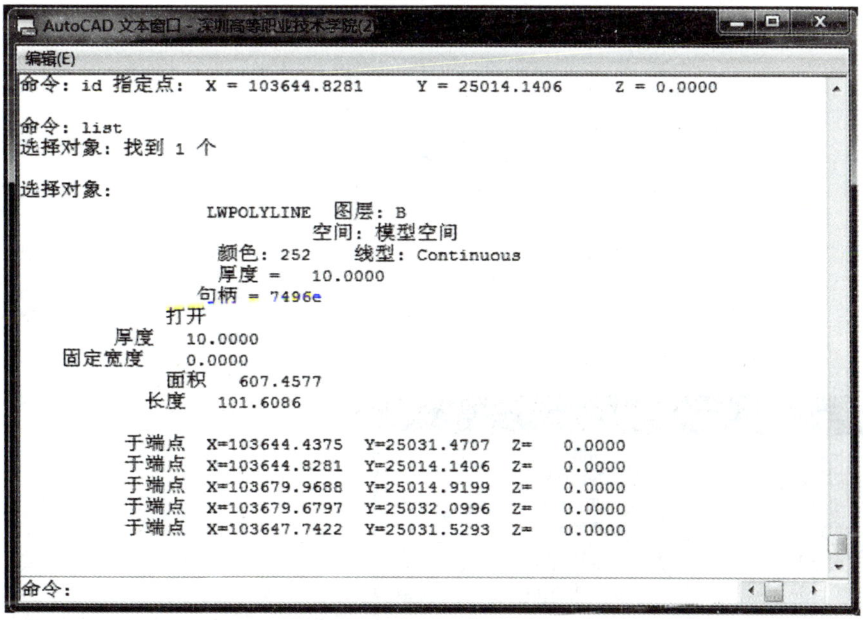

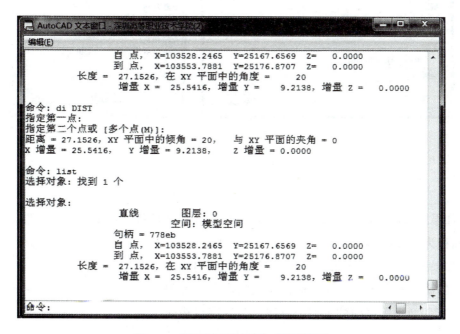

图 8-1　利用地形图求点的坐标

图 8-2　利用地形图求两点之间的距离

（1）在直线端点绘制北方向线，然后利用角度标注显示方位角，如图 8-3 所示。

（2）输入"units"，如图 8-4 所示，进入图形单位界面，将角度类型选为"度/分/秒"，精度选为"0d00′00″"，勾选"顺时针"；单击"方向"按钮，选择"北"选项，单击"确定"按钮后，输入"list"可显示直线的方位角。

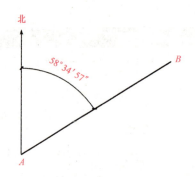

图 8-3 标注坐标方位角

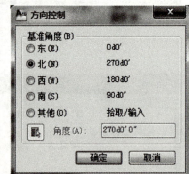

图 8-4 利用地形图求直线的方位角

8.1.4 确定点的高程

(1)如果所求点正好处在等高线上,则此点的高程即该等高线的高程,如图 8-5 所示,A 点的高程为 26 m。

(2)如果所求点不在等高线上,则应根据比例内插法确定该点的高程。在图 8-5 中,欲求 B 点的高程,首先过 B 点作相邻两条等高线的近似公垂线,与等高线相交于 M、N 两点,然后在图上量取 MN 和 MB,按下式计算 B 点的高程:

$$H_B = H_M + \frac{MB}{MN} h \quad (8-1)$$

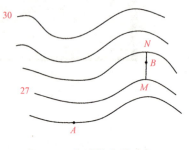

图 8-5 点在等高线之间

式中 h——等高距(m);

H_M——M 点的高程(m)。

当精度要求不高时，可以假设 MN 的长度为 1，那么 NB 为 0.4，MB 为 0.6，则 B 点的高程为

$$H_B = NB \times H_M + MB \times H_N \tag{8-2}$$

(3) 点在斜坡或陡坎上，可结合坡顶线和坡底线高程，参照点在等高线之间的情况处理。

(4) 点在高程注记点之间，可取周围点的平均值或加权平均值，精度要求不高时，可以取最近点高程代替。

8.1.5 求两点间的坡度和实际长度

在图 8-5 中，若求 A、B 两点间的坡度，先用式(8-1)求出两点的高程，则直线 AB 的平均坡度为

$$i = \frac{h}{D} \tag{8-3}$$

式中 h——A、B 两点间的高差；

D——A、B 两点之间的水平距离。

坡度 i 通常用百分率(%)或千分率(‰)表示。

式(8-3)中 D 是 A、B 两点之间的水平距离，但有时需要求两点之间的倾斜距离(实际长度)S。

$$S = \sqrt{D^2 + h^2} \tag{8-4}$$

8.1.6 计算周长和面积

1. 规则图形

将直线相连的图形称为规则图形，求规则图形的周长和面积的方法如下：

(1) 输入"area"(快捷命令 aa)，从其中一点开始依次逐点遍历后所得到的周长和面积，即所求范围的周长和面积(图 8-6)。

(2) 输入"boundary"(快捷命令 bo)提取区域边界，然后输入"list"列表显示该区域的周长和面积(图 8-7)。

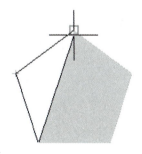

图 8-6 用快捷命令 aa 求周长、面积

2. 不规则图形

将含有曲线的图形称为不规则图形。求不规则图形的面积和周长可采用规则图形的方法(2)完成，输入"boundary"(快捷命令 bo)提取区域边界，然后输入"list"列表显示该区域的周长和面积。

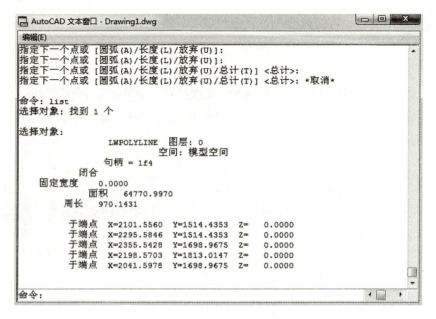

图 8-7　用快捷命令 bo 求周长、面积

8.1.7　计算体积(容积)

计算体积也要根据具体情况,可以利用等高线法、断面图法、方格网法。

1. 等高线法

首先,得到每条等高线的面积;然后利用圆台体积公式计算两条等高线所夹的体积,最上面(或最下面)的可以作为锥体处理;最后将所有体积相加即所求体积。

以图 8-8 为例,40 m 等高线面积为 589.825 m²,39 m 等高线面积为 1 026.411 m²,顶部标高为 40.61 m,则可以将 40 m 等高线以上部分看成锥体,其体积为

$$V_1 = \frac{589.825}{3} \times (40.61-40) = 119.931 (\text{m}^3)$$

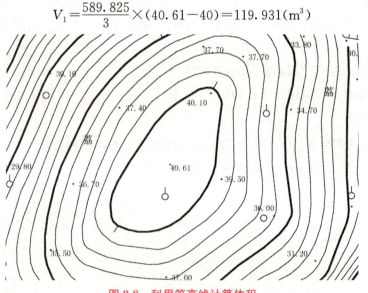

图 8-8　利用等高线计算体积

40 m 等高线和 39 m 等高线所夹台体体积为

$$V_2 = \frac{1}{3} \times (589.825 + 1\,026.411 + \sqrt{589.825 \times 1\,026.411}) \times (40-39) = 789.104 (\text{m}^3)$$

依次求出 38 m 及以下等高线的面积，然后计算出各个台体体积，求和即可得到整个山体体积。若在山谷谷口修水库大坝，需要计算库容，方法类似。

2. 断面图法

等高线法可以理解为以水平面切割实体，然后根据切割面积计算体积。断面图法是以平行的铅垂面来切割实体，根据切割面积计算体积。此法适用于带状范围的体积计算，在此范围内，以一定的间隔绘出断面图，根据断面图面积计算体积。

以图 8-9 为例，地形图比例尺为 1∶1 000，等高距为 1 m，在矩形范围内欲修建一段道路，其设计高程为 47 m。为求土方量，先在地形图上绘出互相平行、间隔为 l（一般为桩距）的断面方向线 1—1、2—2、…、6—6；再按一定比例尺绘出各断面图，如 1—1、2—2 断面，如图 8-9 所示；然后在断面图上分别求出各断面设计高程线与实际地面所包围的填土面积 A_{Ti} 和挖土面积 A_{Wi}（i 表示断面编号），最后计算两断面之间的土方量。其中 1—1 和 2—2 两断面之间的土方为

$$\left.\begin{aligned} \text{填方}: V_T = \frac{1}{2}(A_{T1} + A_{T2})l \\ \text{挖方}: V_W = \frac{1}{2}(A_{W1} + A_{W2})l \end{aligned}\right\} \tag{8-5}$$

同理，依次计算出每相邻断面之间的土方量，最后将填方量和挖方量分别累加，即得到总土方量。

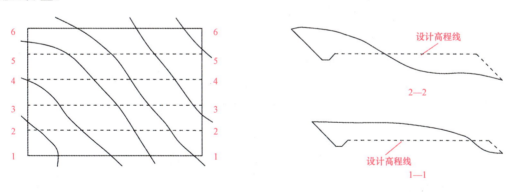

图 8-9　断面法计算土方量

3. 方格网法

方格网法相当于用方格将地面分成若干个标准面积的方柱（如 100 m²），求解方柱高度后可计算体积。

图 8-10 所示为一块待平整的场地，其比例尺为 1∶1 000，等高距为 1 m，要求在划定的范围内将其平整为某一设计高程的平地，以满足填、挖平衡的要求。计算土方量的步骤如下：

(1)绘方格网并求方格角点高程。在拟平整的范围内打上方格,方格大小可根据地形复杂程度、比例尺的大小和土方估算精度要求而定,边长一般为 10 m 或 20 m,然后根据等高线内插方格角点的地面高程,并注记在方格角点右上方。本例是取边长为 10 m 的方格网。

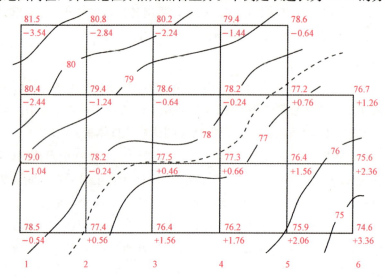

图 8-10　用方格网法计算土方量

(2)计算设计高程。将每一方格 4 个顶点的高程加起来除以 4,得到每一个方格的平均高程。再将每一方格的平均高程加起来除以方格数,即得到设计高程:

$$H_{设} = \frac{H_1 + H_2 + \cdots + H_n}{n} = \frac{1}{n}\sum_{i=1}^{n} H_i \tag{8-6}$$

式中　H_i——每一方格的平均高程;

n——方格总数。

为了计算方便,从设计高程的计算中可以分析出角点 $A1$、$A5$、$B6$、$D1$、$D6$ 的高程在计算中只用过一次,边点 $A2$、$A3$、$C1$、$\cdots$ 的高程在计算中使用过两次,拐点 $B5$ 的高程在计算中使用过三次,中点 $B2$、$B3$、$C2$、$C3$、$\cdots$ 的高程在计算中使用过四次,这样设计高程的计算公式可以写成:

$$H_{设} = \frac{\sum H_{角} \times 1 + \sum H_{边} \times 2 + \sum H_{拐} \times 3 + \sum H_{中} \times 4}{4n} = 77.96(\text{m}) \tag{8-7}$$

式中　n——方格总数。

用式(8-7)计算出的设计高程为 77.96 m,在图 8-10 中用虚线描出 77.96 m 的等高线,称为填挖分界线或零线。

(3)计算方格顶点的填挖高度。根据设计高程和方格顶点的地面高程,计算各方格顶点的挖、填高度:

$$h = H_{设} - H_{地} \tag{8-8}$$

式中　h——填挖深度,负数为挖,正数为填;

$H_{地}$——地面高程;

$H_设$——设计高程。

(4)计算填挖方量。根据填挖深度和方格面积就可以计算填挖方量,图 8-10 所示的挖方总量为 3 416 m³,填方总量为 3 422 m³,两者基本相等,满足填挖平衡的要求。

8.2 地形图的工程应用

8.2.1 绘制地形断面图

在道路、管线等线路工程设计中,为了合理地确定线路的纵坡,以及进行填、挖土方量的概算,都需要了解沿线方向的坡度变化情况。为此,可利用地形图按设计线路绘制出纵断面图。

如图 8-11 所示,若要绘制 AB 方向的纵断面图,其具体步骤如下:

(1)在图纸上绘制一直角坐标,横轴表示水平距离,纵轴表示高程。水平距离的比例尺与地形图的比例尺一致。为了明显地反映地面的起伏情况,高程比例尺一般为水平距离比例尺的 10~20 倍。

(2)在纵轴上标注高程,在横轴上的适当位置标出 A 点。将直线 AB 与各等高线的交点 A、1、2、…、10、B 点,按其与 A 点之间的距离转绘在横轴上。

(3)根据横轴上各点相应的地面高程,在坐标系中标出相应的点位。

(4)把相邻的点用光滑的曲线连接起来,便得到地面直线 AB 的断面图,如图 8-11 所示。

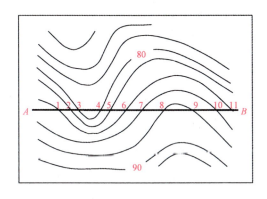
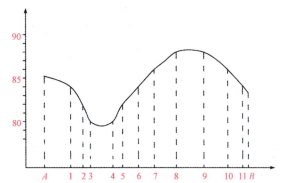

图 8-11 绘制纵断面图

8.2.2 按坡度选线

在山区或丘陵地区进行管线或道路工程设计时,均有指定的坡度要求。在地形图上选线时,先按规定坡度找出一条最短路线,然后综合考虑其他因素,获得最佳设计路线。

如图 8-12 所示，从 A 点到 B 点选择一条公路线，要求其坡度不大于 i（限制坡度）。设计用的地形图比例尺为 $1/M$，等高距为 h，则路线通过相邻等高线的最小等高平距 d 为

$$d = \frac{h}{i \cdot M} \tag{8-9}$$

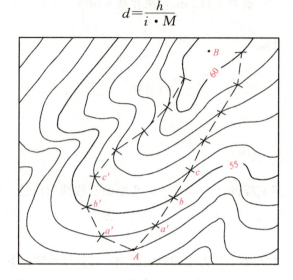

图 8-12 最短路线的选择

例如，地形图比例尺为 1∶1 000，限制坡度为 3.3%，等高距为 2 m，则路线通过相邻等高线的最小等高平距 d 为 30 mm。选线时，在图上用分规以 A 为圆心，脚尖设置成 30 mm 为半径，作弧与上一根等高线交于 a、a' 点；再分别以 a、a' 点为圆心，仍以 30 mm 为半径作弧，交另一等高线于 b、b' 点。依此类推，直至 B 点为止。将各点连接即得限制坡度的最短路线 A、a、b、$\cdots$、B。还有一条路线，即 A、a'、b'、$\cdots$、B。

由此可选出多条路线。在比较方案进行决策时，主要根据线形、地质条件、占用耕地、拆迁量、施工方便、工程费用等因素综合考虑，最终确定路线的最佳方案。

如遇到等高线之间的平距大于计算值时，以 d 为半径的圆弧不会与等高线相交。这说明地面实际坡度小于限制坡度，在这种情况下，路线可按最短距离绘出。

8.2.3 确定汇水范围

当在山谷或河流修筑桥梁、涵洞或大坝时，都需要知道有多大面积的雨水汇集在这里，这个面积称为汇水面积。由于雨水是沿山脊线（分水线）向两侧山坡分流，所以，汇水面积的边界线是由一系列的山脊线连接而成的。如图 8-13 所示，公路 BA 通过山谷，在 P 处要修建一涵洞，为了确定设计孔径的大小，需要确定该处汇水面积，即由图中分水线 BC、CD、DE、EF、FG、GH、HI、IA 与 AB 线段所围成的面积，用格网法、平行线法或求积仪测定该面积的大小。

确定汇水面积的边界线时，应注意以下几点：

(1) 边界线（除公路 AB 段外）应与山脊线一致，且与等高线垂直；

(2) 边界线是经过一系列的山脊线、山头和鞍部的曲线，并在河谷的指定断面（公路或

水坝的中心线)闭合。

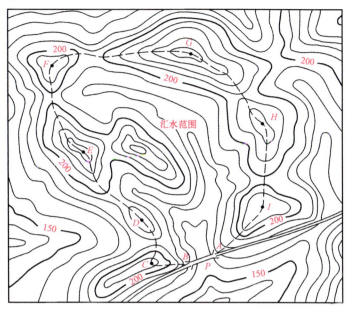

图 8-13　汇水面积的确定

思考与练习

1. 地形图的应用一般包括哪些基本内容？
2. 在 AutoCAD 界面，打开数字地形图，确定一直线的属性，并写出过程。
3. 在 AutoCAD 界面，打开数字地形图，选择一较为复杂的图形，确定其周长和面积，并写出过程。
4. 图 8-14 所示为 1∶1 000 比例尺的地形图，拟将方格内的场地平整为水平场地，图中方格网为 10 m×10 m，请用方格网法计算土方量。

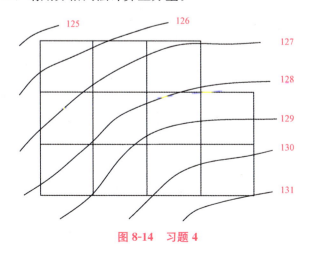

图 8-14　习题 4

137

第 9 章

建筑施工测量

9.1 施工控制测量

建筑施工测量的任务是根据设计图纸的要求,按一定精度将设计建筑物或构筑物的平面位置和高程在现场测设出来,作为施工的依据。控制测量在整个工程施工测量中起架构作用,贯穿整个施工测量的始终,甚至是竣工测量和变形观测的基础。

施工测量前应先收集有关的设计和测量资料,熟悉施工设计图纸,明确施工要求,制定施工测量方案。

施工控制测量是施工测量的关键一步,是整个施工测量的基础。大中型施工项目,应先建立场区施工控制网,再建立建筑物施工控制网;小规模或精度要求高的独立施工项目,可直接布设建筑物施工控制网。

施工控制网与地形图测绘时的控制网不同。地形图测绘时主要考虑地形条件,为测图服务;而施工控制网主要考虑建筑物的总体布置,控制点的分布和密度应满足施工放样的要求,精度也由工程建设的性质决定,一般高于测图控制网。

施工控制网可分为平面控制网和高程控制网两种。前者可采用导线或导线网、建筑基线或建筑方格网、三角网或 GPS 网等形式;后者则采用水准网。

控制点位置的选择很重要,控制点应足够多、能够长期保存,且要便于施工测量。

9.1.1 场区控制测量

1. 平面控制测量

平面控制网的形式应根据建筑总平面图、建筑场地的大小、地形、施工方案等因素进行综合考虑。对于地面起伏较大的地区,可采用 GPS 静态定位的方式建立控制网;对于地形平坦而通视比较困难的地区,如扩建或改建的施工场地,可采用导线测量的方式;对于地面平整而简单的小型建筑场地,常采用建筑基线作为施工放样的依据;对于地势平坦、建筑物众多且分布比较规则的建筑场地，可采用建筑方格网。GPS 静态定位应执行 E 级网的技术指标与操作要求。导线网可采用一级、二级技术要求，见表 9-1。建筑基线和建筑方格网执行场区控制网精度标准，见表 9-2，方格网测设方法可采用布网法或轴线法，布网法宜增测对角线，轴线法中长轴线的定位点不得少于 3 个。

表 9-1 导线测量的主要技术指标

等级	导线长度/km	平均边长/km	测角中误差/(″)	测距中误差/mm	测距相对中误差	测回数 1″级仪器	测回数 2″级仪器	测回数 6″级仪器	方位角闭合差/(″)	导线全长相对闭合差
四级	9	1.5	2.5	18	1/80 000	4	6		$5\sqrt{n}$	≤1/35 000
一级	2.0	0.1~0.3	5	15	1/30 000		3		$10\sqrt{n}$	≤1/15 000
二级	1.0	0.1~0.2	8	15	1/14 000		2	4	$16\sqrt{n}$	≤1/10 000

表 9-2 建筑方格网的主要技术指标

等级	边长/m	测角中误差/(″)	边长相对中误差
一级	100~300	5	≤1/30 000
二级	100~300	8	≤1/20 000

2. 高程控制测量

高程控制网通常采用三等水准测量，对同一建筑工地而言应不少于 3 个，其位置应设在不受施工影响、无震动、无沉降、便于施测、能长期保存的地方，并埋设永久标志。

9.1.2 建筑物施工控制网

除异形建筑外，建筑物施工控制网应布设成十字轴线或矩形控制网，控制网的坐标轴应与工程设计所采用的主、副轴线一致，建筑物的±0 高程面应根据场区水准点测设。

控制点应选在通视良好、土质坚实、能长期保存、便于放样的地方；控制网轴线起始点定位误差不应大于 2 cm；主要控制网点应埋设固定标桩，加密指示桩宜选在建筑物行列线方向上。

边长测量采用电磁波测距，技术要求见表 3-6；水平角观测的测回数与测角中误差相关，见表 9-3；矩形网角度闭合差不应大于测角中误差的 4 倍。

表 9-3 水平角观测的测回数

仪器精度等级 \ 测角中误差 测回数	2.5″	3.5″	4.0″	5″	10″
1″级仪器	4	3	2	—	—
2″级仪器	6	5	4	3	1

建筑物围护结构封闭前，应根据施工需要将建筑物外部控制转移至内部，内部控制点宜设置在浇筑完成的预埋件上或预埋的测量标板上。引测投点误差：一级≤2 mm、二级≤3 mm。

建筑物高程控制采用附合水准线路，不低于四等水准测量标准。水准点个数不少于2，一般与水平控制标桩相同。

9.2　建筑基线与建筑方格网测设

导线测量、GPS技术在前面章节已作介绍，它们属于通过测量的技术手段建立控制网，建筑基线与建筑方格网则是通过测设的手段建立施工控制网。

9.2.1　建筑基线及其测设方法

当施工场地范围不大，总图布置简单时，可在场地布置一条或几条基线，作为施工场地的控制，这种基线就是建筑基线。建筑基线的布设可根据建筑物的分布、场地地形等因素采用"一"字形、"L"形、"丁"字形、"十"字形。建筑基线应尽可能靠近拟建的主要建筑物，并与其轴线平行或一致。基线点位应选在通视良好和不易被破坏的地方，且埋设永久性的混凝土桩以便长期保存。为了便于复查建筑基线是否有变动，主轴线上基线点不得少于3个。

建筑基线可根据建筑红线测设，也可根据控制点测设。

红线就是用地界线，由城市规划部门测定，可以作为建筑基线测设的依据。如图9-1所示，AB、AC是建筑红线，从A点沿AB方向量取距离d_2定出n点，沿AC方向量取距离d_1定出m点，过B、C两点做红线的垂线，沿垂线量取d_1、d_2得到Ⅰ、Ⅲ点，利用mⅠ、nⅢ交出Ⅱ点，这样就定出了基线点Ⅰ、Ⅱ、Ⅲ。然后利用全站仪或经纬仪精确测

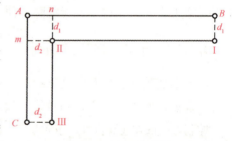

图9-1　根据建筑红线测设建筑基线

量∠ⅠⅡⅢ，若与90°之差超过±10″，应按水平角精确测设的方法进行调整。量ⅠⅡ、ⅡⅢ之间的距离是否等于设计长度，不符值不应大于1/30 000；否则对Ⅰ、Ⅲ点进行调整。

根据已有建筑物测设建筑基线与根据建筑红线测设建筑基线相仿。

根据控制点测设建筑基线时，可直接利用城市规划建设或测绘部门建立的城市控制网，也可以利用地形测量时布置的控制点或者利用GPS、导线测量新建控制点，但精度一定与施工控制网的精度要求一致。如图9-2所示，测设基线时，将全站仪安置在A点，对中、整平后进行测站设置，输入测站的坐标高程、仪器高，照准B点，输入B点的坐标高程，然后进行定向，定向后执行放样功能，输入Ⅰ、Ⅱ、Ⅲ点的坐标，将这三点放出。由于测量

误差，Ⅰ、Ⅱ、Ⅲ三点可能不在同一直线上，所以需将全站仪搬至Ⅱ点测量角度∠ⅠⅡⅢ，若与180°之差超过±10″，则应对点位进行调整。调整时，将Ⅰ′、Ⅱ′、Ⅲ′点沿与基线垂直的方向各移动相等的调整值δ，如图9-3所示。δ按下式计算：

$$\delta = \frac{ab}{a+b}\left(90° - \frac{1}{2}\angle Ⅰ′Ⅱ′Ⅲ′\right)\frac{1}{\rho''} \tag{9-1}$$

式中，$\rho'' = 206\ 265''$；δ为各点的调整值(m)；a、b 为ⅠⅡ、ⅡⅢ之间的长度(m)。

除调整角度外，还应调整Ⅰ、Ⅱ、Ⅲ三点之间的距离，若设计长度与实测距离之差超过1/30 000，则以Ⅱ为准调整Ⅰ、Ⅲ两点。

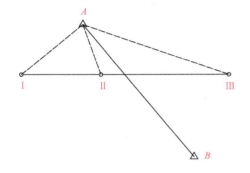

图9-2　根据控制点测设建筑基线

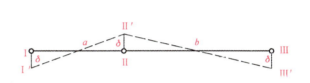

图9-3　调整基线点位

9.2.2　建筑方格网及其测设方法

建筑方格网适用于按正方形或矩形布置的建筑群或大型建筑场地，建筑方格网的轴线与建筑物的轴线平行或垂直，以便于用直角坐标法进行建筑物定位。

布设建筑方格网时，应根据建筑物、道路、管线的分布，结合场地的地形等因素，选定方格网的主轴线，再全面布设方格网。方格网的布设形式有正方形方格网和矩形方格网，布设要求与建筑基线基本相同，另外必须注意：主轴线点应接近精度要求较高的建筑物，方格网轴线彼此严格垂直，方格网点之间互相通视且能长期保存，边长一般取100～300 m，为50 m的整数倍。

1. 利用经纬仪测设建筑方格网

测设建筑方格网时应先测设主轴线。如图9-4所示，先测设长主轴线ABC，方法与建筑基线测设相同；然后测设与ABC垂直的另一主轴线DDE，测设时，将全站仪安置在B点，照准A点，分别向左、向右转90°测设出$D'E'$点；然后精确测量∠ABD'和∠ABE'。求出$\Delta\beta_1 = \angle ABD' - 90°$，$\Delta\beta_2 = \angle ABE' - 270°$。若较差超过±10″，则按下式计算方向调整$D'D$和$E'E$：

$$l_i = L_i \times \Delta\beta_i'' / \rho'' \tag{9-2}$$

将D'点沿垂直于BD'的方向移动$D'D = l_1$距离，将E'点沿垂直于BE'的方向移动$E'E = l_2$距离。改正点位后，应检测两主轴线交角是否为90°，其较差应小于±10″，否则应重复调整，另外，还需校核主轴线点之间的距离，精度应达到1/30 000。

主轴线测设好后，分别在 A、C、D、E 点安置经纬仪（或全站仪）照准 B，分别向左、向右精密地测设出 $90°$，如同测设 EBD 一样测设出其他轴线形成方格网。注意角度检测和边长检测都应满足精度要求。

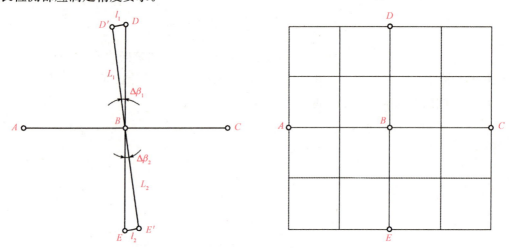

图 9-4　测设建筑方格网

2. 利用全站仪测设建筑方格网

利用全站仪测设建筑方格网时，首先利用 Auto CAD 在设计图上确定方格网，取得各个交点的坐标，利用全站仪将各个交点放出，然后检测角度、距离，并进行调整。

9.3　民用建筑施工测量

9.3.1　施工测量前的准备工作

工程开工之前，测量技术人员必须对整个项目施工测量的内容作全面的了解，进行充分的准备工作。

1. 熟悉设计图纸

设计图纸是施工测量的依据，所以应先熟悉设计图纸，掌握施工测量的内容与要求，并设计对图纸中的有关尺寸、内容进行审核。

(1)总平面图。总平面图反映新建建筑物的位置朝向、室外场地、道路、绿化等的布置，还有建筑物首层地面与室外地坪标高、地形、风向频率等。其是新建建筑物定位、放线、土方施工的依据。在熟悉设计图纸的同时，应掌握新建建筑物的定位依据和定位条件，对用地红线桩、控制点、建筑物群的几何关系进行坐标、尺寸、距离等的校核，检查室内外地坪标高和坡度是否对应、合理。

(2)建筑施工图。建筑施工图是说明建筑各层平面布置，立面、剖面形式，建筑物各细部构造的图纸。阅读建筑施工图时，应重点关注建筑物各轴线的间距、角度、几何关系，检查建筑物平、立、剖面及节点图的轴线及几何尺寸是否正确，各层相对高程与平面图有关部分是否对应。

(3)结构施工图。结构施工图反映建筑物的结构构造类型、结构平面布置、构件尺寸、材料和施工要求等。所以阅读结构施工图，要核对层高、结构尺寸，包括板、墙厚度，梁柱断面及跨度。对照建筑施工图和结构施工图，核对两者相关部位的轴线、尺寸、高程是否对应。

(4)设备安装图。设备安装图反映建筑物内部设备安装布置、线路走向等。应核对有关设备的轴线、尺寸、高程是否与土建图一致。

2. 仪器配备与检校

根据工程性质、规模和难易程度准备测量仪器，并在开工之前将仪器设备送到相关单位进行检定、校正，以保证工程按质按量完成。

3. 现场踏勘

现场踏勘包括两方面内容：一是了解现场的地物地貌和与施工测量有关的问题；二是现场核对业主提供的平面控制点、水准点，获得正确的测量起始数据和点位。

4. 编制施工测量方案

施工测量方案的内容包括以下几项：

(1)方案制定的依据；
(2)现有资料的分析；
(3)施工控制网的建立和要求；
(4)建筑物定位、放线的方法和要求；
(5)沉降观测的方法和要求；
(6)竣工测量的方法和要求；
(7)质量保证体系等。

5. 数据准备

对图纸阅读校核时，还应进行 DWG 文件与纸质图纸的校核，以保证放线数据无误。可以在 AutoCAD 中打开对应 DWG 文件获取放线数据，对于复杂图形(如缓和曲线等)，可以先进行定距等分，获取等分点坐标作为放线数据，但要注意测量坐标系与建筑坐标系的转换。

(1)从建筑总平面图上获取设计建筑物与原有建筑物或测量控制点之间的几何关系，作为测设建筑物总体位置的依据。

(2)从建筑平面图上获取建筑物的总尺寸和内部各定位轴线之间的关系尺寸，这是施工放线的基本资料。

(3)从基础平面图上获取基础边线与定位轴线的平面尺寸，以及基础布置与基础剖面位置的关系。

(4)从基础详图中获取基础立面尺寸、设计标高,以及基础边线与定位轴线的尺寸关系,这是基础高程放样的依据。

(5)从建筑立面图和剖面图上获取基础、地坪、门窗、屋面等设计高程作为高程测设的依据。

9.3.2 施工测量中的精度指标

施工测量中的精度指标见表9-4。

表9-4 建筑物施工放样、轴线投测和标高传递的允许偏差

项目	内容		允许偏差/mm
基础桩位放样	单排桩或群桩中的边桩		±10
	群桩		±20
各施工层放线	外轮廓主轴箱长度 L/m	$L \leqslant 30$	±5
		$30 < L \leqslant 60$	±10
		$60 < L \leqslant 90$	±15
		$90 < L$	±20
	细部轴线		±2
	承重墙、梁、柱边线		±3
	非承重墙边线		±3
	门窗洞口线		±3
轴线竖向投测	每层		3
	总高 H/m	$H \leqslant 30$	5
		$30 < H \leqslant 60$	10
		$60 < H \leqslant 90$	15
		$90 < H \leqslant 120$	20
		$120 < H \leqslant 150$	25
		$150 < H$	30
标高竖向传递	每层		±3
	总高 H/m	$H \leqslant 30$	±5
		$30 < H \leqslant 60$	±10
		$60 < H \leqslant 90$	±15
		$90 < H \leqslant 120$	±20
		$120 < H \leqslant 150$	±25
		$150 < H$	±30

9.3.3 建筑物定位、放线

1. 建筑物定位

建筑物定位就是根据施工控制网将建筑物主轴线测设到现场地面上。重点关注建筑物四周外廓主轴线的交点(简称角桩)。

(1)根据相邻建筑物定位。根据相邻建筑物定位,首先利用已有建筑物测设建筑基线,然后利用建筑基线测设建筑物主轴线。

如图9-5所示,拟建建筑在宿舍楼东侧,南面与宿舍楼平齐,而且距离宿舍楼15 m。首先用钢尺沿宿舍东、西墙,向南各延长一小段距离l,得到a、b两点。在a点安置全站仪,照准b点,并从b点沿ab方向测设距离15 m得到c点,然后再沿该方向继续测设cd距离得到d点。cd就可以作为拟用的建筑基线,加以保护,长期使用。将全站仪安置在c点,照准a点,将仪器顺时针转90°即可测设出轴线①和Ⓐ、Ⓒ轴的交点,同样,在d点可以测设出轴线④和Ⓐ、Ⓒ轴的交点,得到4个角桩。检查角桩间的长度、角度、对角线,并作适度调整,满足要求后用内分法确定其他轴线。

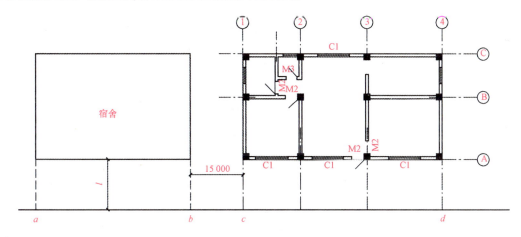

图9-5 根据相邻建筑物定位

(2)根据建筑方格网定位。用建筑方格网测设轴线与建筑基线测设轴线相仿,待主要轴线定位并检查合格后,用内分法完成其他轴线的测设。

(3)根据控制点定位。利用导线点或GPS点进行轴线定位,一般用全站仪坐标放样完成。校核边长、角度等要素后,用全站仪将主要轴线延长至施工影响范围以外的控制桩上。应在同一轴线上建筑物的两侧至少各留2个控制桩。

2. 建筑物放线

建筑物放线就是根据已测设好的主轴线,详细测设各轴线交点的位置,并根据轴线交点桩位确定基槽开挖边界线。

(1)测设轴线控制桩。由于基槽开挖时,会将轴线桩挖掉,因此,应在各轴线的延长线上先测设轴线控制桩,也称为引桩,作为基槽开挖后恢复轴线的依据。控制桩一般设在基槽边外一定距离且不受施工干扰处。轴线控制桩也是以后向上层投测轴线的依据。轴线控制桩的测设同轴线交点的测设一样，可以根据控制点的情况选用不同的方法完成。

(2)确定基槽开挖边界线。确定基槽开挖边界线，要先根据槽底设计标高、原地面标高、基槽开挖坡度计算轴线两侧的开挖宽度。

轴线一侧的开挖宽度按下式计算：

$$W = W_1 + W_2 + \frac{h}{i}$$

式中　W——轴线一侧的开挖宽度；
　　　W_1——轴线一侧的结构宽度；
　　　W_2——预留工作面宽度；
　　　h——槽深；
　　　i——边坡坡度，$i=h/D$。

如图9-6所示，$W_1=0.650$ m，$W_2=0.500$ m，左侧坡度为2∶1，原地面高程为59.68 m，槽底高程为57.60 m。

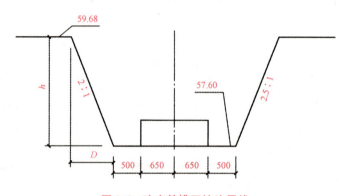

图9-6　确定基槽开挖边界线

轴线左侧开槽宽度：$W_左=0.650+0.500+(59.68-57.60)/2=2.19$(m)，轴线右侧开槽宽度：$W_右=0.650+0.500+(59.68-57.60)/2.5=1.982$(m)。按上述宽度，用白灰在轴线两侧撒出开槽线。

9.3.4　基础施工测量

1. 基槽或基坑开挖深度控制

应控制基槽或基坑开挖深度，避免超挖。当用机械开挖时，应控制在高于设计标高0.2 m深度，然后再人工开挖。为了控制开挖深度，当快挖到设计标高时，可利用水准仪根据标高±0.000在槽壁上测设一些水平桩，水平桩的上表面离槽底设计标高0.500 m，用以控制挖槽深度。水平桩的设置一般自拐角处，每3～4 m测设一个，作为清理基底和打基础垫层时控制标高的依据。其测量限差一般为±10 mm。

如图9-7所示，槽底设计标高为-1.900 m，欲测设比槽底设计标高高出0.500 m的水平桩，测设方法如下：

(1)在适当位置安置水准仪，照准后视标尺，读取±0.000 点标尺读数 $a=1.310$ m。

(2)计算前视尺读数 $b_应$：
$$b_应 = a - h = 1.310 - (-1.900 + 0.500) = 2.710(\mathrm{m})$$

(3)在槽内一侧立水准尺，上、下移动，当标尺读数为 2.710 m 时，沿尺底在槽壁上打入一木桩。

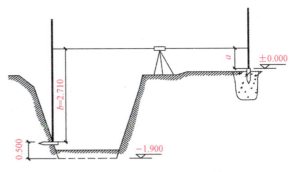

图 9-7 基槽或基坑开挖深度控制

(4)检核水平桩高程，应满足限差要求。基坑的深度一般大于基槽，当基坑深度较大时，可采用吊钢尺的方法进行坑底标高控制桩的测设。

2. 垫层中线测设

垫层混凝土达到规定强度后，将全站仪安置在轴线控制桩上，后视轴线另一端的控制桩，测设出轴线点，再利用墨斗在垫层上弹线。检核各轴线间的尺寸和对角线关系，之后弹出基础边线。

支设基础模板前，应测设其与模板顶平的高程桩，或在垫层上标出垫层到模板顶部的上返数，以控制模板的高度。浇筑基础前，严格复核模板的水平位置和模板顶部高程，不合格部位重新测设。

3. 桩基础施工测量

桩基础是民用建筑工程的一种常用基础形式，桩基础施工测量的主要任务：一是基础桩位测设，即按设计和施工的要求，准确地将桩位测设到地面上，为桩基础工程施工提供标志；二是进行桩基础施工监测；三是在桩基础施工完成后，进行桩基础竣工测量。

桩位测设与轴线交点测设类似，测设完成后，要进行复核验收，验收合格方可施工，对桩位轴线间长度和桩位轴线的长度进行检测，要求实量距离与设计长度之差，对单排桩位不应超过 ±1 cm，对群桩不超过 ±2 cm。施工期间要定期进行复测，以便及时发现问题。

9.3.5 墙体施工测量

1. 墙体定位

利用轴线控制桩，用经纬仪将轴线投测到基础面或防潮层上，然后用墨线弹出墙中线和墙边线。检查外墙轴线交角是否为 90°，符合要求后，将轴线延伸并画在外墙基础上(图 9-8)，作为向上投测轴线的依据。同时，将门、窗和其他洞口的边线在外墙基础立面上标定出来。

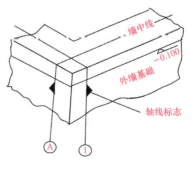

图 9-8 墙体定位

2. 墙体各部位标高控制

在墙体施工中，墙体各部位标高通常用皮数杆控制。

首先绘制皮数杆，皮数杆上根据设计尺寸，按砖、灰缝的厚度画出线条，并标明±0.000以及门、窗、楼板等的标高，如图9-9所示。

其次是墙身皮数杆的设立，应使皮数杆上的±0.000标高线与室内地坪标高吻合。自转角处每隔10~15 m设置一根皮数杆。

在墙身砌至1 m以后，应在室内墙上测设+0.500 m标高线，作为该层地面施工和室内装修的标准。

在2层以上墙体施工中，需利用水准仪测量楼板四角的标高，取平均值作为该层的地坪标高，并以此作为设立皮数杆的依据。

框架结构的民用建筑，墙体砌筑是在框架施工后进行的，所以可以在地梁和立柱上弹出水平和垂直砌筑边线。在立柱靠近砌体一侧画出分层砌筑标志等，相当于将皮数杆绘制在立柱上。

图9-9 皮数杆绘制

9.4 高层建筑施工测量

高层建筑施工测量的主要任务是轴线投测和高程传递。

9.4.1 轴线投测

轴线投测就是将建筑物基础轴线准确地向高层引测，并保证各层相应的轴线位于同一竖直面内。轴线向上投测的偏差在本层应不超过3 mm，全楼累计偏差值不超过表9-4的要求，这是要严格控制并及时检核的。

1. 经纬仪轴线投测

当建筑物高度不超过10层时，可采用经纬仪投测轴线。在基础工程完成后，用经纬仪将建筑物的主轴线精确投测到建筑物底部，并设标志，以供下一步施工与向上投测之用。

如图9-10所示，将经纬仪安置在与建筑物距离大于1.5h的轴线控制桩上，h为投测点与地面的高差。盘左、盘右分别照准建筑物底部所测设的轴线标志，向上投测，取盘左、盘右投测点的中点作为轴线的投测点。按此方法分别将经纬仪安置在建筑物纵、横轴线的轴线控制桩上，可在同一层上投测四个轴线点。

2. 激光垂准仪

在用经纬仪进行投测前，必须经过严格检校，尤其是照准部水准管轴应严格垂直于仪器竖轴。

多层建筑轴线投测除利用经纬仪外，还可以利用锤球线。但高层建筑随着层数的增加，经纬仪投测的难度也增加，精度也会降低。因此，当建筑物层数大于10时，通常采用激光垂准仪(激光铅垂仪)进行轴线投测。

激光垂准仪是利用望远镜发射的铅直激光束到达光靶(放样靶，透明塑料玻璃，规格为 25 cm×25 cm)，在靶上显示光点，用于投测定位的仪器。激光垂准仪可向上投点，也可向下投点。其向上投点精度为 1/45 000。激光垂准仪如图 9-11 所示。

激光垂准仪操作简单，使用时先将激光垂准仪安置在轴线控制点(投测点)上，对中、整平后，向上发射激光，利用激光靶，使靶心精确对准激光光斑，即可将投测轴线点标定在目标面上，如图 9-12 所示。

3. 激光垂准仪轴线投测

如图 9-13 所示，为了利用激光垂准仪进行轴线投测，首先应在基础施工完成后，将设计投测点位准确地投测到地坪层上，每层楼板的对应位置都预留约 20 cm×20 cm 的孔洞。

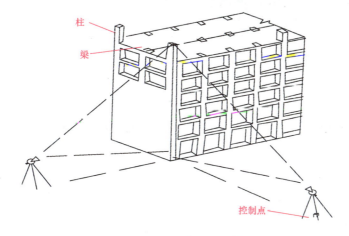

图 9-10 利用经纬仪投测轴线

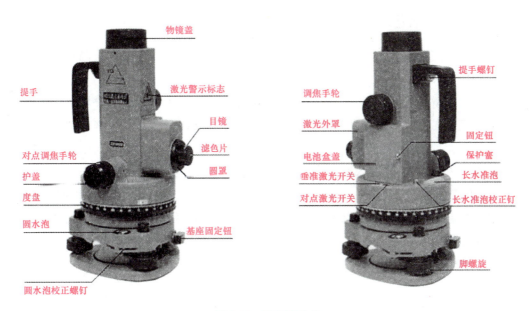

图 9-11 激光垂准仪

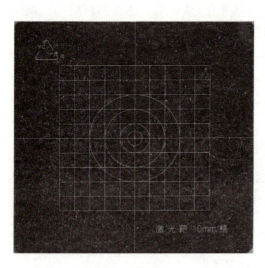

图 9-12 激光靶　　　　图 9-13 利用激光垂准仪投测轴线

将激光垂准仪安置在首层轴线控制点（投测点）上，打开电源，在投测楼层的垂准孔上，使激光靶的靶心精确对准激光光斑，利用压铁拉紧两根细线，使其交点与激光光斑重合，在垂准孔旁的楼面上弹出墨线标记。以后使用投测点时，仍用压铁拉紧两根细线，恢复其中心位置即可。

利用激光垂准仪完成点位投测，在经过边长、对角线、角度校核之后，利用投测点与轴线点之间的关系，将细部轴线弹放于本层地面上，并以此轴线作为本层后续测设的依据。细部测设完成后，应作必要的检核。

9.4.2　高层建筑的高程传递

在高层建筑施工中，为了保证各层施工标高满足设计要求，需要进行高程传递。高程传递一般采用钢尺直接丈量和悬吊钢尺法。

钢尺直接丈量是从±0.000 或+0.500 线（称为 50 线）开始，沿结构外墙、边柱或楼梯间、电梯间直接向上垂直量取设计高差，确定上一层的设计标高。利用该方法应从底层至少 3 处向上传递。所传递标高完成后，利用水准仪检核互差，应不超过±3 mm。

悬吊钢尺法是采用悬吊钢尺配合水准测量进行高程传递的一种方法。首先根据附近水准点，用水准测量方法在建筑物底层内墙上测设±0.000 或+0.500 的标高线，也可以直接将水准点引测到底层作为向上传递高程的依据。图 9-14 中以 50 线为例，在一层安置水准仪，读取 50 线上标尺读数 a_1 和悬吊钢尺读数 b_1，然后将水准仪安置到二层，后视钢尺读数为 a_2，一层设计层高为 l_1，计算前尺读数：

$$b_2 = a_2 - l_1 + (a_1 - b_1) \tag{9-3}$$

然后指挥扶尺人员上、下移动标尺，当标尺读数为 b_2 时，沿尺底画线，就得到第二层的 50 线。用同样的方法可以得到其他层的 50 线，达到高程传递的目的。

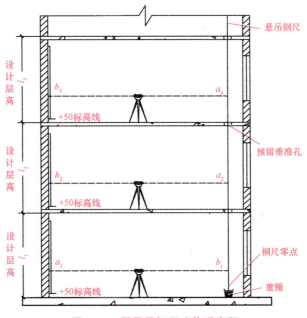

图 9-14 用悬吊钢尺法传递高程

9.5 工业建筑施工测量

工业建筑以厂房为主。厂房的施工测量同样要做大量的准备工作,包括熟悉图纸、准备仪器设备、平整场地、制定施测方案等。

控制测量仍然是先行工作。厂房控制网常采用矩形控制网,布置在基坑开挖线以外。如图 9-15 所示,L、P、U、K 是矩形控制网的四个角桩,测设可采用直角坐标法、极坐标法等。测设完成后,应进行角度、边长检核,技术标准见表 9-2。

9.5.1 厂房柱列轴线与柱基测设

1. 厂房柱列轴线测设

图 9-15 所示为某厂房的基础平面示意。根据厂房平面图上所标注的柱间距和跨距尺寸,用钢尺沿矩形控制网各边量出各柱列轴线控制点位置,如图中 $1'$、$2'$、…、$1''$、$2''$、…、A'、B'…,打入木桩,桩顶用小钉标示点位,作为柱基测设和施工安装的轴线控制桩。丈量时可根据矩形边上相邻的两个控制点,采用内分法测设。

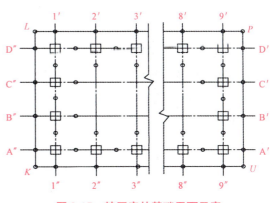

图 9-15 某厂房的基础平面示意

2. 柱基测设

柱基测设应以柱列轴线为基线，根据施工图中基础与柱列轴线的关系尺寸进行。将两台经纬仪安置在相互垂直的柱列轴线控制桩上，沿轴线方向交会出每个柱基中心位置，并在柱基挖土开口 1.0～2.0 m 处，打四个定位小木桩，桩顶用小钉标明位置，作为修坑和立模的依据。再根据基础详图尺寸和放坡宽度，用灰线标出挖坑范围。

在进行柱基测设时，应注意柱列轴线不一定都是柱基中心线，放样时要反复核对。

3. 柱基施工测量

基坑挖到一定深度后，要在基坑四壁离坑底 0.3～0.5 m 处测设几个水平桩，作为基坑修坡和检查坑深的依据，随后将基坑坑底标高测设在木桩顶上，用于控制垫层的标高。

打好垫层后，根据坑边定位木桩用拉线吊垂球的方法把柱基定位轴线投到垫层上。弹出墨线作为柱基支模板和布置钢筋的依据。支模板时，将模板底线对准垫层上的定位线，并利用垂球控制模板垂直，且将柱基顶面设计高程测设到模板内壁上。如果是杯形基础，注意使杯内底部标高低于其设计标高 2～5 cm，作为抄平调整的余量，如图 9-16 所示。

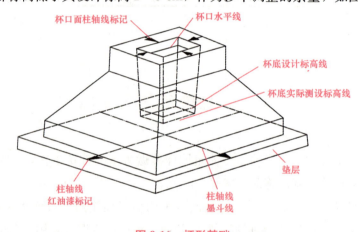

图 9-16　杯形基础

9.5.2　厂房预制构件的安装测量

1. 柱子的吊装测量

混凝土柱是厂房结构的主要构件，其安装质量直接影响整个结构的安装质量，所以要特别重视这一环节，确保柱位准确、柱身铅直、牛腿面标高正确。

(1) 柱子吊装应满足以下要求：

1) 柱子中心线应与相应的柱列轴线一致，允许偏差为 ±5 mm；

2) 牛腿面与柱顶面的实际标高应与设计标高一致，允许偏差为 ±3 mm；

3) 柱身垂直允许偏差为 ±3 mm。

(2) 柱子吊装前的准备工作。

1) 投测柱列轴线。在杯形基础拆模以后，用经纬仪将柱列轴线投测在杯口顶面上，弹出墨线,用红漆做标记(图 9-16),作为柱子吊装时确定轴线方向的依据。随后用水准仪在杯口内壁,测设一条标高线,也称为杯口水平线。

2)柱身弹线。首先按轴线位置给柱子编号,其次在柱身的三个面上弹出柱中心线,并从牛腿面用钢尺量出柱下平线的标高线,该线标高应与杯口水平线标高一致,如图 9-17 所示。

3)柱长检查与杯底抄平。柱底到牛腿面的设计长度 l(图 9-17)应等于牛腿面高程 H_2 减去杯底高程 H_1。

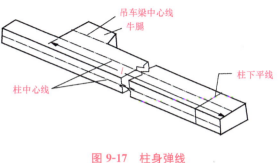

图 9-17 柱身弹线

$$l = H_2 - H_1 \tag{9-4}$$

由于牛腿柱在预制过程中受模板制作误差和变形的影响,l 的实际尺寸往往与设计尺寸不一致。所以,为了保证吊车梁的平整、控制牛腿面高程,通常在浇筑杯形基础时,使杯内底部标高低于设计标高,如图 9-16 所示。

首先用钢尺从牛腿顶面沿柱边量到柱底,然后根据柱子的实际长度用 1∶2 水泥砂浆找平杯底,使牛腿面的标高符合设计高程。

(3)柱子吊装中的测量工作。

1)定位测量。柱子吊入杯口后,首先将柱面中心线与杯口顶面的柱轴线在两个互相垂直的方向上对齐,用楔子临时固定,使柱身大致垂直,然后敲击楔子,使柱脚中心线精确对准杯形基础上的柱列中心线,偏差不超过 5 mm。

2)标高控制。柱子的标高控制和定位几乎是同时进行的,使柱下平线与杯口水平线对齐即可。

3)柱子垂直度控制。如图 9-18 所示,将两台经纬仪安置在互相垂直的两条轴线的控制桩上,照准柱子,固定经纬仪的水平制动螺旋,转动望远镜,使十字丝中心沿柱子中心线自柱底向柱顶移动,如果十字丝始终在柱子中心线上,说明柱子垂直,否则,应通过紧楔子的方法校正。在实际工作中,可以将经纬仪偏离轴线不超过 15°架设,一同校正几根柱子。

2. 吊车梁的安装测量

在安装吊车梁前,首先应在其顶面和端面弹出中心线,如图 9-19 所示。其次在地面上测设吊车轨道的中心线 $A'A'$ 和 $B'B'$,如图 9-20(a)所示。然后将吊车轨道的中心线投测到每根柱子的牛腿面上,并弹线。投测时,将经纬仪安置在其中一个 B' 上,照准另一个 B',仰起望远镜向上投点,根据十字丝竖丝在牛腿上做标记,完成 $B'B'$ 的投测。用同样的方法完成 $A'A'$ 的投测。

吊装时,根据牛腿面上投测的轨道中心线和吊车梁端面的中心线,将吊车梁安装在牛腿面上。之后检查吊车梁顶面高程,并进行必要的调整。

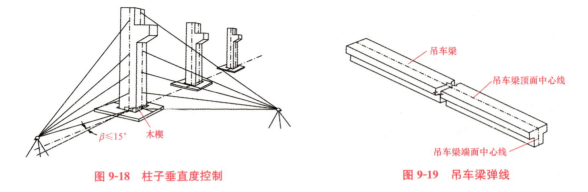

图 9-18 柱子垂直度控制　　　　　　　图 9-19 吊车梁弹线

3. 吊车轨道的安装测量

首先，进行吊车轨道中心线检查。如图 9-20(b) 所示，在地面上测设与 $A'A'$、$B'B'$ 平行且相距 1 m 的辅助线 $A''A''$、$B''B''$，然后将经纬仪安置在其中一个 B'' 上，照准另一个 B''，仰起望远镜向上投点，另一个人在吊车梁上移动横放的木尺，当木尺 1 m 处刻划与十字丝竖丝重合时，木尺端点应与吊车梁上的中心线一致。否则要撬动吊车梁，进行修正。

其次，安放轨道垫板，轨道垫板的标高误差不得超过 ±2 mm。

吊车轨道吊装在吊车梁上之后，应进行两项检查。用水准仪检查轨道顶面高程，将其与设计高程比较，误差不得超过 ±2 mm。用钢尺检查轨道间距，将其与设计间距比较，误差不得超过 ±3 mm。

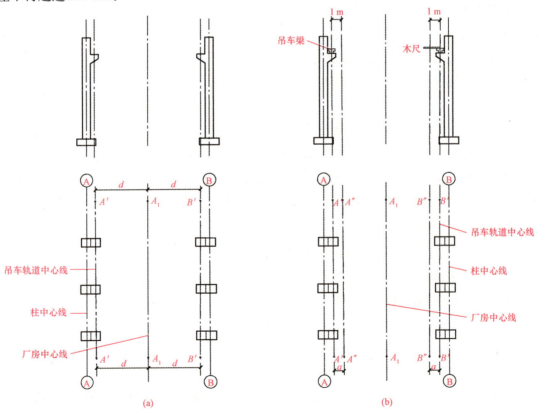

图 9-20 吊车梁和吊车轨道的安装

9.6 管道工程测量

管道包括给水、排水、供气、供暖、输电、输油等管道。管道工程测量的主要任务有管道中线测量，管道纵、横断面测量，管道施工测量，管道竣工测量等。

9.6.1 管道中线测量

管道中线测量的任务是将设计管道的中心位置在地面上测设出来。管道的起点、终点和转向点是管道中线测量的关键点，称为主点。为了便于施工，还需要测设里程桩和加桩。里程桩从起点开始每隔 50 m 一个，如果地势复杂则每隔 20 m 一个。加桩可以根据具体情况加设。起点、终点、转向点和里程桩、加桩测设完成后，整个管道的中线也就在现场测设出来。

主点测设的方法有直角坐标法、极坐标法、角度交会法、距离交会法。可以在主点测设完成后，再测设里程桩和加桩。现在设计多利用 AutoCAD 完成，所以，可以从 DWG 文件中获取主点和里程桩测设数据，有些设计资料提供上述点位的坐标，可以利用直接全站仪完成管道中线测量。

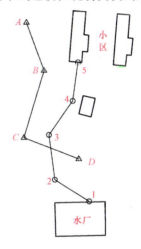

图 9-21 根据导线点测设管线主点

图 9-21 中的 A、B、C、D 为已有导线点，1、2、3、4、5 为管线主点，从设计资料可以获得其坐标。将全站仪安置于控制点上，利用全站仪的放样功能进行点位测设。测设完成后可以立即测量点的坐标和高程，其目的有两个，一是进行测设检核；二是利用高程数据绘制纵断面图。

里程桩不仅反映管道中线，还是断面测量的依据。里程桩桩号表示该点距起点的沿线距离。如起点编号为 0+000，"+"号前面的数字表示千米数，"+"号后面的数字表示米数。例如，桩号 3+360 表示该桩号距起点的沿线距离是 3 千米 360 米。桩号应用红油漆或防水记号笔标注在木桩上。

9.6.2 管道纵、横断面测量

(1) 管线纵断面测量和纵断面图绘制。沿管道中线方向的断面称为纵断面。纵断面图反映管道中线上地面的起伏变化，是设计管道埋深、坡度的主要依据。管道纵断面测量就是测绘管道纵断面图，即通过测量沿线各桩点的高程，配合桩号绘制纵断面图。

为了满足纵断面测量和施工的精度要求，应沿管线布设一定精度和密度的水准点。一般采用四等水准测量每隔 1~2 km 布设一个永久水准点，每隔 300~500 m 设置一个临时点。水准点可以设在稳固的建筑物上，以红油漆标绘，也可以埋设混凝土桩或木桩。

在沿线高程控制网的基础上，以附合水准线路的形式，按图根水准测量的要求测量主点和里程桩、加桩的高程。

用全站仪进行中线点位测设时,可以同时完成各桩位的高程测量。

绘制纵断面图时,纵轴表示高程,横轴表示水平距离。为了明显地表示地面的起伏状态,通常高程比例尺是水平距离比例尺的10或20倍,绘制步骤如下:

1)在AutoCAD界面,建立纵、横坐标轴。

2)根据水平比例尺,展绘桩号的相应距离,确定桩号位置,标明桩号。

3)根据最低点高程,确定高程的起算值,一般为10的整数倍。如图9-22所示,地面实测高程最小值在0+300处,高程值为31.96 m,所以高程起算值取30 m。

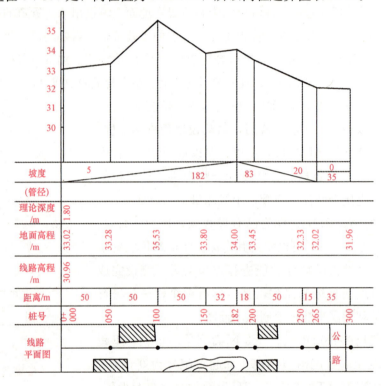

图9-22 纵断面图绘制

4)用高程比例尺,根据各桩的地面高程和起算高程的差值,以及对应的桩号,确定各点位置。用折线连接相邻点,得到的折线图即纵断面图。

5)分别用"/""\"和"—"表示上、下和平坡。在坡度栏内注记坡度方向。在坡度线上注记坡度值,以千分数表示,线下注记这段坡度的距离。

6)计算管底高程。根据管道的起点高程、设计坡度及各桩之间的距离,逐点计算。例如,在0+000处的管底高程为30.96 m(由设计者确定),管道坡度i为5‰("+"号表示上坡,"—"号表示下坡),求得0+050处的管底高程为:30.96+50×5‰=31.21(m)。

7)管道埋深等于该处的地面高程减去管底高程。例如,0+050处的地面标高为33.28 m,管底高程为31.21 m,则管道埋深为:33.28−31.21=2.07(m)。

(2)管线横断面测量和横断面图绘制。垂直于管道中线方向的断面称为横断面。横断面反映管道中线两侧地面的起伏变化，用于计算管线沟槽开挖土方量和施工时确定开挖边界。

1) 利用水准仪进行横断面测量。首先，用方向架确定横断面方向，如图 9-23 所示，将方向架置于中心桩上，以方向架的一个方向对准相邻的中心桩，则方向架的另一个方向即横断面方向。

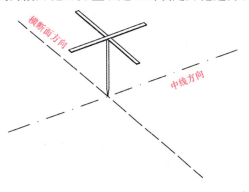

图 9-23　用方向架确定横断面方向

选择适当位置安置水准仪，首先在中心桩上立标尺，读取后视读数，然后在横断面方向上坡度变化处逐一立尺，读取各点的前视读数。用皮尺或钢尺量出立尺点到仪器的水平距离。利用视线高程计算各立尺点高程。记录计算见表 9-5。

表 9-5　横断面测量(水准仪法)记录计算表

桩号：0+100					
测点		水平距离/m	后视/m	前视/m	视线高/m	高程/m
左	右	0	1.26		98.83	
1		2.0		1.30		97.53
2		5.4		1.42		97.41
3		7.2		1.45		97.38
…	…	…	…	…	…	…

（注：表头"桩号：0+100　高程：97.570 m"）

2) 利用全站仪进行横断面测量。将全站仪安置在中心桩上，照准相邻中心桩，采用角度测设的方法确定横断面方向，完成该方向上点的高程测量。

3) 利用经纬仪进行横断面测量。将经纬仪安置在中心桩上，量取仪器高 i，然后照准相邻中心桩，采用角度测设的方法确定横断面方向，照准该方向线上各点的标尺，读取上丝、下丝、中丝读数 l 和竖直角 α。

根据视距测量计算公式计算水平距离和高差：

$$D = 100 \times (上丝读数 - 下丝读数)\cos^2\alpha \tag{9-5}$$

$$h = D\tan\alpha + i - l \tag{9-6}$$

记录计算见表 9-6。

表 9-6　横断面测量(经纬仪法)记录计算表

桩号：1+150　　高程：100.32 m　　仪器高 i=1.50								
测点		上丝读数/m	下丝读数/m	中丝读数/m	竖直角/(° ′)	水平距离/m	高差/m	高程/m
左	右							
	5	1.625	1.510	1.568	+3 26	11.46	+0.62	100.94
	6	1.478	1.206	1.342	+1 56	27.17	+1.08	101.40
…	…	…	…	…	…	…	…	…

(3)绘制横断面图。以中线上的里程桩或加桩的设计位置(水平位置和管底设计高程)为坐标原点,以水平距离为横轴,以高程为纵轴,采用1∶100的比例尺绘制横断面图。

9.6.3 管道施工测量

(1)检查中线桩情况,如有破坏,应及时根据测设数据恢复中线桩,并进行检核。

(2)测设施工控制桩。管线开槽后,中线上的桩就会被挖掉。所以,开槽前,应在既不受施工影响又易于保存的位置设置施工控制桩。施工控制桩包括中线控制桩和位置控制桩。中线控制桩一般设置在主点附近中线的延长线上。位置控制桩设置在里程桩或检查井位两侧与中线垂直的方向上,如图9-24所示。

(3)加密水准点。为了在施工期间测设高程,应在原有水准点的基础上,沿线每隔150 m左右增设一个临时水准点。

(4)槽口放线。槽口宽度由管径大小、埋深及土质情况确定。如图9-25所示,槽底宽度为b,管道埋深为h,放坡系数为m,则槽口宽度$B=b+2mh$。利用中线控制桩和位置控制桩,根据槽口宽度在地面上定出槽边线位置,撒上灰线。

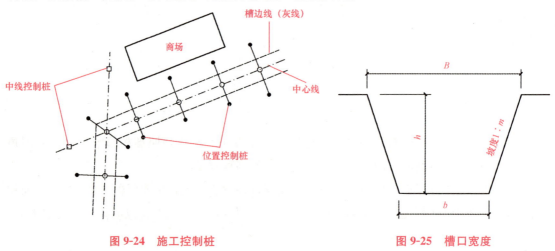

图9-24 施工控制桩　　　　　　图9-25 槽口宽度

(5)设置坡度板和测设中线钉。如图9-26(a)所示,开槽后应设置坡度板,以保证管道沟槽按照设计的位置进行开挖。一般每10~20 m设置一块坡度板,并与桩号对应,且标明桩号。坡度板要牢固可靠,板顶面水平。在中线控制桩上安置经纬仪,将管道中线投测到坡度板上,钉上小铁钉(称为中线钉)作为标志。

(6)测设坡度钉。为了控制基槽开挖深度,应根据附近的水准点用水准仪测出各坡度板的高程。根据管道设计坡度计算该处管道的设计高程。坡度板高程与管道设计高程的高差,就是从板顶往下挖的深度,称为下反数,可以用防水记号笔写在坡度板上,作为高程测设的依据。

由于地面起伏变化,每块坡度板的向下挖深都不一样,所以下反数不是一个整数,也不是一个常数,施工、检查都不方便,所以施工中用坡度钉来控制开挖深度。在坡度板中线一侧钉一块高程板,在高程板上测设坡度钉。为了使坡度钉处下反数为一常数 C,坡度钉的位置以坡度板为准向上或向下调整,调整幅度按下式计算:

$$\delta = C - (H_{板顶} - H_{设计}) \tag{9-7}$$

根据 δ 值在高程板上用小钉定出其位置,小钉就是坡度钉,如图 9-26(b)所示。相邻坡度钉的连线就是一条与设计管底坡度平行且相差为选定下反数 C 的直线。图 9-26(b)中,0+000 处的管底设计高程为 32.800 m,板顶高程为 35.437 m,下反数取 2.500 m,则:

$$\delta = 2.500 - (35.437 - 32.800) = -0.137 (m)$$

坡度钉测设完成后还应用水准测量的方法对其高程进行检核。

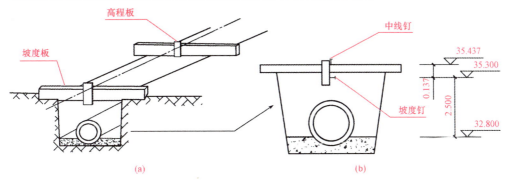

图 9-26 坡度板设置

9.6.4 顶管施工测量

当地下管线穿越公路、铁路或其他重要建筑物时,常采用顶管施工法。顶管施工是在先挖好的工作坑内安放轨道,将管道沿所要求的方向顶进土中,再将管内的土方挖出来。顶管施工测量的目的是保证顶管按照设计中线和高程正确顶进和贯通。

(1)中线测量。首先,利用经纬仪根据地面的中心桩或中线控制桩,将管道中线引测到顶管工作坑坑壁上,作为顶管中线桩,如图 9-27 所示。在顶管中线桩上拉一条细线,在细线上挂两个垂球,则垂球的连线方向即管道的中线方向。制作(或改造)一木尺,其长度略小于管道内径,保证尺的中央为一确定的整数刻划线。

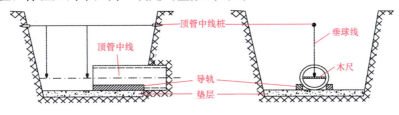

图 9-27 顶管施工测量

中线测量时,利用水准器将木尺平放在管道内,使其中央刻划始终在两垂球连线的延长线上,则顶管的中线方向与设计方向一致。如果偏离超过 1.5 cm,则需要校正。

(2)高程测量。先在工作坑内引测临时水准点,利用水准仪测量管底高程,其值与设计高程之差不得超过±5 mm；否则要校正。

在顶管进程中，每顶进 0.5 m，进行一次中线测量和高程测量。采用对向顶管施工，贯通误差不得大于 3 cm。当顶管直径较大、顶管距离较长时，可采用管道激光仪或激光经纬仪进行导向。

9.6.5 管道竣工测量

管道竣工测量的内容是测绘竣工平面图和纵断面图。竣工平面图主要测绘起点、转折点、终点，检查井、附属构筑物的平面位置和高程。竣工纵断面图测绘应在回填土之前进行，测量管顶高程和检查井井底高程。

可以利用全站仪，采用数字测图方式一次完成。

思考与练习

1. 简述控制测量在施工测量中的作用。
2. 简述施工测量的工作内容。
3. 高层建筑施工测量有哪些特点？

第 10 章 建筑物变形观测及竣工总图编绘

10.1 建筑物变形观测的一般规定

10.1.1 变形观测的精度指标

变形观测的对象包括建(构)筑物、建筑场地、地基基础等。技术指标见表 10-1。

表 10-1 变形观测等级划分及精度要求

等级	垂直位移监测		水平位移监测
	变形观测点的高程中误差/mm	相邻变形观测点的高差中误差/mm	变形观测点的点位中误差/mm
三等	1.0	0.5	6.0
四等	2.0	1.0	12.0

10.1.2 变形观测的基准网

1. 水平位移观测基准网

水平位移观测基准网可采用导线网、GPS 控制网和视准轴线等形式。基准点应选在变形影响范围外且稳固可靠处,每个工程至少有 3 个,尽量采用强制对中观测墩;采用视准轴线时,还应设立校核点。

基准网水平角观测采用方向法,技术要求见表 3-3;边长采用电磁波测距,技术要求见表 10-2。

表 10-2　测距的主要技术要求

等级	仪器精度等级	每边测回数		一测回读数较差/mm	单程各测回较差/mm	气象数据最小读数		往返测距较差/mm
		往	返			温度/℃	气压/Pa	
二等	1 mm 级	4	4	≤1	≤1.5	0.2	50	≤2×(a+b×D)
二等	2 mm 级	3	3	≤3	≤4			
三等	5 mm 级	2	2	≤5	≤7			
四等	10 mm 级	4	—	≤8	≤10			

2. 垂直位移观测基准网

垂直位移观测基准网应布设成闭合线路，采用水准测量实施。基准点应选在变形区外稳固可靠且便于观测处，若受条件限制，可在变形区内埋设深层钢管标志。基准点个数不少于3个。观测的技术标准严于表2-3、表2-4，具体任务可参照规范和技术设计执行。

10.1.3　变形观测点

变形观测点应设立在能反映监测体变形特征的位置或监测断面上，下面以沉降观测点为例。

观测点是为进行沉降观测而设置在建筑物上的固定标志，应设置在能反映出沉降特征的地点。一般沿建筑物周边每(10~20)m 处布设一点，其位置通常设在建筑物的四角点、纵、横端连接处，平面及立面有变化处，沉降缝两侧，地基、基础、荷载有变化处等。

观测点设置的数量与位置应能全面反映建筑物的沉降情况，并应考虑便于立尺、没有立尺障碍，同时注意保护观测点不致在施工过程中受到损坏。

观测点的形式和设置方法应根据工程性质和施工条件来确定，一般民用建筑的沉降观测点，大部分设置在外墙的勒脚处，为使点位牢固稳定，观测点埋入的部分应大于10 cm；观测点的上部需为半球形状或有明显的突出之处，以保证放置标尺均为同一标准位置；观测点外端需与墙身或柱身保持至少4 cm 的距离，以便标尺可对任何方向垂直置尺。常见的是现浇墙式观测点，如图10-1 所示。

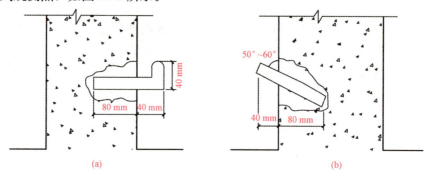

图 10-1　现浇墙式观测点

10.2 建筑物沉降观测

沉降属于垂直位移，沉降观测可以用水准测量，也可以用快捷三角高程测量。通过连续观测设置在建筑物上的观测点与周围基准点之间的高差变化值，来确定建筑物在垂直方向上的位移量。

10.2.1 沉降观测的时间间隔及次数

沉降观测的时间间隔与次数，应根据建筑工程的性质、地基的土质情况、工程进度与荷载增加情况等决定，按施工说明中提出的有关要求进行。

施工期间，在荷载增加前后，如浇筑基础、回填土、安装柱子、安装屋架、安装设备、增加烟囱高度等，均可按工程具体情况与需要进行沉降观测。如施工中途停工时间较长，应在停工时和复工前进行观测。遇到基础附近地面荷载突然增加，周围大面积积水或暴雨后，或周围大量挖方等可能导致沉降发生的情况时均应观测。

建筑物投入使用后，可按沉降速度参照表10-3所列观测周期，定期进行观测，直到每日沉降量小于0.01 mm时停止。

表10-3 沉降观测周期

沉降速度（mm/d）	沉降观测周期
>0.3	半个月
0.1～0.3	一个月
0.05～0.1	三个月
0.02～0.05	六个月
0.01～0.02	一年
<0.01	停止

10.2.2 沉降观测的过程及精度控制

对于一般精度要求的沉降观测，采用DS_3型水准仪，以三等水准测量的方法进行；对于大型的重要建筑或高层建筑，采用DS_1型精密水准仪，按精密水准测量的方法进行。观测过程如下：

（1）确定基准水准点，可以使用原有的城市控制点，若重新埋设则需稳定后方可使用；
（2）埋设沉降观测点；
（3）检校仪器及设备；

(4)现场拟定观测路线。测前根据水准点的位置与整个观测点布设情况,详细拟定观测路线、仪器架设位置、转点位置。要在既考虑观测距离又顾及后视、前视距相等的原则下,合理地观测全部观测点。

(5)重视第一次观测。第一次观测的成果特别重要,因为首次观测的高程是以后各次观测用以比较的依据,若初测精度低,会造成后续观测数据上的矛盾。为保证初测精度,观测要进行两次,每次均布设成闭合水准线路,以闭合差来评定观测精度。

(6)做好每一次观测。为保证沉降观测的精度,减小仪器工具、设站等方面的误差,一般采用同一台机器、同一根标尺,每次在固定位置架设仪器,固定观测几个观测点和固定转点位置,同时应注意使前、后视距相等,以减小 i 角误差的影响。

为保证观测质量,沉降观测时,从基准点开始,组成闭合或附合线路逐点观测。对于重要建筑物、高层建筑物,沉降闭合差不得大于 $\pm 0.15\sqrt{n}$ mm(一等)或 $\pm 0.3\sqrt{n}$ mm(二等),对于一般建筑物,沉降观测闭合差不得大于 $\pm 0.6\sqrt{n}$ mm(三等)或 $\pm 1.4\sqrt{n}$ mm(四等), n 为测站数。

10.2.3 沉降观测的成果整理

每次观测完毕后,应及时检查手簿,精度合格后,调整闭合差,推算各点的高程,与上次所测高程进行比较,计算出本次沉降量及累积沉降量,并将观测日期、荷载情况填入观测成果表中,提交有关部门。

全部观测完成后,应汇总每次的观测成果,绘制沉降-荷载-时间关系曲线。如图 10-2 所示,以横轴表示时间,以年、月或天数为单位;以纵轴的上方表示荷载的增加,以纵轴的下方表示沉降量的增加。这样可以清楚地表示出建筑物在施工过程中随时间及荷载的增加发生沉降的情况。

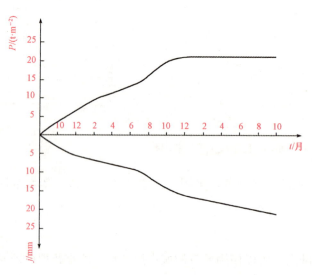

图 10-2 沉降-荷载-时间关系曲线

10.3 建筑物水平位移观测

本节以水库大坝为例讨论建筑物水平位移观测。

10.3.1 观测点和工作基准点的确定

观测点和工作基准点都应建造观测墩，观测墩是大坝变形测量的基础，所以，观测墩的质量直接关系到观测资料的可靠性。为保证点位稳定，坚固耐用，便于长久使用，如图10-3所示，建造观测墩时应注意以下几点：

(1)各类标墩的底板必须埋设在最大冻土层以下0.5 m处，有条件的最好直接浇筑在基岩上，以确保其稳定；
(2)如果采用混凝土，观测墩必须适当配置钢筋；
(3)为了避免折光影响，观测墩高度需大于0.8 m，且远离建筑物；
(4)预埋仪器和觇标通用的强制对中器；
(5)严格掌握施工质量。

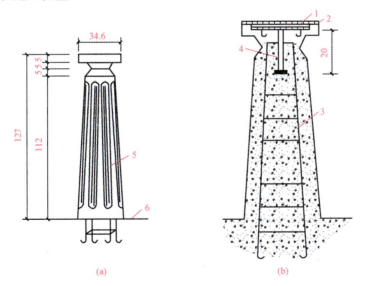

图10-3 观测墩(单位：cm)
1—保护盖；2—强制对中器；3—钢筋；4—16 mm 点芯；
5—标墩外表；6—混凝土基础面

10.3.2 建筑物水平位移观测

1. 视准轴线法

视准轴线法也称视准线法，其基本原理是首先建立固定的基准线，基准线可以是建筑物本身的轴线，也可以是平行于建筑物轴线的视准线。该视准线确定一个固定的铅垂平面作为水平位移监测的基准面，水平位移观测通过测定观测点与基准面之间的偏离值来确定建筑物的水平位移程度。图 10-4 所示为某坝坝顶视准轴线示意。A、B 为在坝两端所选定的视准轴线端点，在 A 点安置经纬仪，在 B 点安置固定标志，则仪器中心与固定标志中心构成铅直平面 P，此平面即基准面，测量记录观测点至该面的距离可以观测大坝水平位移。

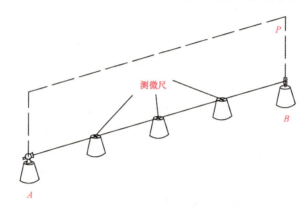

图 10-4　某坝坝顶视准轴示意

2. 引张线法

引张线法适用于直线型混凝土大坝坝体的水平位移观测。其原理是在坝体廊道内，用一根拉紧的不锈钢钢丝建立一基准面来测定观测点的偏离值，从而得出建筑物的水平位移。此法的优点是不受旁折光的影响。

3. 导线法

对于直线型建筑物的水平位移观测，基准线法具有速度快、精度高的优点，但对于非直线型建筑物，如拱坝、曲线型桥梁及一些高层建筑物的水平位移观测则不适用，可以采用导线法。

在水平位移观测中布设的导线，是两端不测定向角的导线。可以在建筑物的适当位置与高度上布设，其边长根据现场的实际情况确定。通过多次观测导线上各边边长、各转折角并计算各观测点坐标，经过比较，可以确定建筑物上某观测点在两个方向上的位移，即在水平面内的位移。

4. 非固定站差分法

差分即求同测站的点的坐标差，一般是相邻点求差分。图 10-5 中的 A、B 为基准点，全站仪任意设站于 P 点，对于基准点来说，其基础差分值为(Δx_0，Δy_0)，其观测差分值为(ΔA_0，ΔB_0)，则有：

$$\begin{cases} \Delta A_0 = D \cdot \cos\alpha_1 \\ \Delta B_0 = D \cdot \sin\alpha_1 \end{cases}$$

$$\begin{cases} \Delta x_0 = D \cdot \cos\alpha_2 \\ \Delta y_0 = D \cdot \sin\alpha_2 \end{cases}$$

$$\begin{cases} \cos\beta = \cos(\alpha_1 - \alpha_2) \\ \sin\beta = \sin(\alpha_1 - \alpha_2) \end{cases}$$

$$\begin{vmatrix} \cos\beta \\ \sin\beta \end{vmatrix} = \frac{1}{D^2} \begin{vmatrix} \Delta A_0 & \Delta B_0 \\ \Delta B_0 & -\Delta A_0 \end{vmatrix} \begin{vmatrix} \Delta x_0 \\ \Delta y_0 \end{vmatrix} \tag{10-1}$$

式中 β——两坐标系夹角；

D——两控制点之间的水平距离。

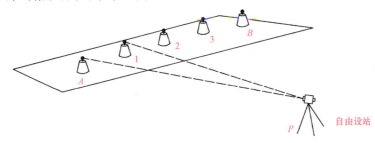

图 10-5 非固定站差分法

其他点所测对应的基础差分值为

$$\begin{vmatrix} \Delta x \\ \Delta y \end{vmatrix} = \begin{vmatrix} \cos\beta & \sin\beta \\ -\sin\beta & \cos\beta \end{vmatrix} \begin{vmatrix} \Delta A \\ \Delta B \end{vmatrix} \tag{10-2}$$

由式(10-2)的基础差分值和基准点的坐标(x,y)可以计算其他点本次观测的坐标，通过各次坐标值的比较观测建筑物水平位移。非固定站差分适用于无法固定设站的场所。

10.4 建筑物倾斜观测与裂缝观测

建筑物受施工中的偏差以及不均匀沉降等因素的影响，会产生倾斜，对建筑物倾斜程度进行测量的工作为倾斜观测。

裂缝观测是测定建筑物某一部位裂缝发展状况的工作。建筑物的裂缝往往与不均匀的沉降有关。因此，在裂缝观测的同时，一般需要进行沉降观测，以便进行综合分析和及时采取相应措施。

10.4.1 建筑物倾斜观测

1. 方体建筑物的倾斜观测

在观测之前，首先要在建筑物上、下部设置两点观测标志，两点应在同一竖直面内。如图 10-6 所示，M、N 为上、下观测点。如果建筑物发生倾斜，则 M、N 连线随之倾斜。观测时，在离建筑物约大于建筑物高度处安置经纬仪，照准上部观测点 M，用盘左、盘右分中法向下投点得 N' 点，如 N' 点和 N 点不重合，则说明建筑物产生倾斜，N' 和 N 之间的

水平距离 a，即建筑物的倾斜值。若建筑物的高度为 H，则建筑物的倾斜度为

$$i=\frac{a}{H} \tag{10-3}$$

高层建筑物和构筑物的倾斜观测，应分别在相互垂直的两个墙面上进行。如图 10-6(b) 所示，a、b 为建筑物分别沿相互垂直的两个墙面方向的倾斜值，则两个方向的总倾斜值为

$$c=\sqrt{a^2+b^2} \tag{10-4}$$

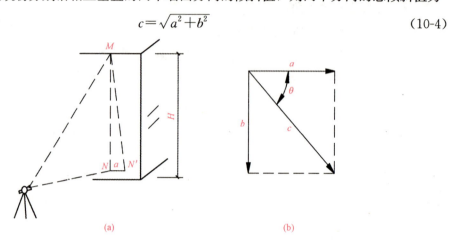

图 10-6　方体建筑物的倾斜观测

建筑物的总倾斜度为

$$i=\frac{c}{H} \tag{10-5}$$

c 的倾斜方向与 a 的方向的夹角为

$$\theta=\tan^{-1}\frac{b}{a} \tag{10-6}$$

2. 圆形建筑物的倾斜观测

对圆形建筑物和构筑物（如烟囱、水塔等）的倾斜观测，是在相互垂直的两个方向上测定其顶部中心对底部中心的偏心距，该偏心距即建（构）筑物的倾斜值。现以烟囱为例，介绍圆形建筑物倾斜观测的一般方法。

在靠近烟囱底部所选定的方向横放一根标尺（或钢尺），如图 10-7(a) 所示，然后安置经纬仪于标尺的中垂线方向上，与烟囱的距离应大于烟囱的高度。用望远镜分别将烟囱顶部边缘两点 A、A' 及底部边缘两点 B、B' 投到标尺上，设其读数分别为 x_2、x_2' 及 x_1、x_1'，如图 10-7(b) 所示，则烟囱顶部中心 O 对底部中心 O' 在 x 方向上的偏心距 δ_x 为

$$\delta_x=\frac{x_1+x_1'}{2}-\frac{x_2+x_2'}{2} \tag{10-7}$$

同法再将经纬仪与标尺安置于烟囱的另一垂直方向上，测得烟囱底部和顶部边缘在标尺上投点的读数分别为 y_1、y_1' 及 y_2、y_2'，则在 y 方向上偏心距 δ_y 为

$$\delta_y=\frac{y_1+y_1'}{2}-\frac{y_2+y_2'}{2} \tag{10-8}$$

烟囱顶部中心 O' 对底部中心 O 的总偏心距为

$$\delta=\sqrt{\delta_x^2+\delta_y^2} \tag{10-9}$$

烟囱的倾斜度为

$$i=\frac{\delta}{H} \tag{10-10}$$

式中　H——烟囱的高度。

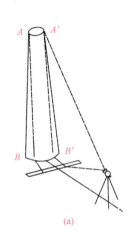
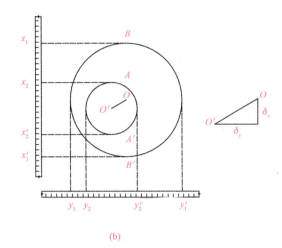

图 10-7　圆形建筑物倾斜观测

烟囱的倾斜方向为

$$a_{o'o}=\tan^{-1}\frac{\delta_y}{\delta_x} \tag{10-11}$$

式中　$a_{o'o}$——以 x 轴作为标准方向的坐标方位角。

10.4.2　建筑物的裂缝观测

建筑物发生裂缝时，应立即进行观测，了解其现状并掌握其发展情况，并根据观测所得到的资料分析裂缝产生的原因和它对建筑物安全的影响程度，及时采取有效措施加以处理。

1. 裂缝观测的准备工作

裂缝观测前应对裂缝进行编号，如图 10-8 所示。

2. 裂缝观测的方法

编号完成后，应对建筑物裂缝的长度、走向、宽度及深度分别进行观测，可在裂缝的两端用油漆画线作标志，或在混凝土表面绘制方格坐标，用钢尺丈量。

对重要的裂缝，可以选择在有代表性的位置埋设标点，即在裂缝两侧的混凝土表面各埋一直

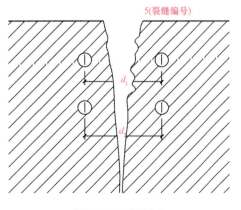

图 10-8　裂缝分布

径为20 mm、长约60 mm的金属棒，埋入混凝土中约40 mm深处，两侧标志距离不得小于150 mm。用游标卡尺定期对两标志之间的距离进行测定，以此来掌握裂缝的发展情况，如图10-8所示。

裂缝观测的次数应视裂缝的发展情况而定，在建筑物发生裂缝的初期应每天观测一次，在裂缝有显著发展时应增加观测次数，经过长期观测判明裂缝已不再发展时方可停止观测。

3. 裂缝观测的成果整理

观测完毕后，应汇总观测成果，成果中应包括：

(1)裂缝分布图，将裂缝画在建筑结构图上并标明位置及编号；

(2)对重要的裂缝应绘制大比例尺平面图并在图上注明观测成果，将重要的成果在同一图上注明以进行比较；

(3)裂缝的发展过程图。

10.5　竣工总图编绘

10.5.1　竣工测量

竣工测量指在各项工程竣工验收时所进行的测量工作，其包括以下内容：

(1)对于一般建筑物及工业厂房，应测量房角坐标、室内外高程、房屋的编号、结构层数、面积和竣工时间、各种管线进出口的位置及高程。

(2)对于铁路和公路，应测量起止点、转折点、交叉点的坐标，道路曲线元素及挡土墙、桥涵等构筑物的位置、高程、载重量。

(3)测量地下管线的检查井、转折点的坐标及井盖、井底、沟槽和管顶等的高程，并附注管道及检查井的编号、名称、管径、管材、间距、坡度及流向等。

(4)测量架空管线的转折点、起止点、交叉点的坐标，支架间距，支架标高，基础面高程等。

竣工测量完成后，应及时提交完整的资料，包括工程名称、施工依据、施工成果，作为编绘竣工总图的依据。

10.5.2　编绘竣工总图的目的、内容和要求

1. 编绘竣工总图的目的

(1)反映设计的变更情况。施工过程中由于发生设计时未考虑到的问题而要变更设计，这种临时变更设计的情况必须通过测量反映到竣工总图上。

(2)提供各种设备的维修依据。竣工总图可以为各种设备、设施的维修工作提供数据。

(3)保存建筑物的历史资料。竣工总图可以提供原有建筑物、构筑物、地下和地上各种管线和交通路线的坐标及坐标系统,高程及高程系统等重要的历史资料。

2. 编绘竣工总图的内容

竣工总图上应包括控制点如建筑方格网控制桩点位、水准点、建筑物平面位置、辅助设施、生活福利设施、架空与地下管线,还应包括铁路等建筑物或构筑物的平面施工放线坐标、高程以及室内外平面图等。

3. 编绘竣工总图的要求

(1)收集资料。需收集资料包括总平面布置图、施工设计图、设计变更文件、施工检验记录、竣工测量资料等。

(2)编绘要求。

1)结合变更文件,按竣工资料、实测资料及时编制;

2)当平面布置改变超过图上1/3时,不宜在原图上进行修改、补充,应重新绘制;

3)绘图比例尺宜选1∶500;

4)矩形建筑物应注明2个以上点的坐标,圆形建筑物应注明圆心坐标及接地处半径,主要建筑物应注明室内地坪高程;

5)道路起/终点、交叉点应注明中心点坐标和高程,路面应注明宽度及铺装材料;

6)给水管道应绘出地面给水建筑物、水处理设施、地上/地下给水管线及附属设备,注明特征点的坐标、高程;

7)排水管道应绘出污水处理构筑物、水泵站、检查井、跌水井、水封井、雨水口、排出水口、化粪池等,并标注相应坐标和高程,管道应注明管径、材质、坡度,检查井应绘制详图;

(3)竣工总图的载体。竣工总图的载体包括纸质图纸、CAD图、BIM模型,纸质图可以由后两者打印出来。

思考与练习

1. 建筑物变形观测包括哪些内容?
2. 简述竣工测量的工作内容。
3. 竣工总图如何编绘?
4. 沉降观测如何实施?

第 11 章 工程案例

11.1 国家大剧院施工测量

11.1.1 项目概况

国家大剧院位于北京人民大会堂西侧,是长安街上的标志性建筑,总建筑面积为 157 000 m², 占地面积为 80 000 m²。工程主体建筑外形为椭球体(图 11-1),分为地下 4 层、地上 7 层。其中东、西向轴线长为 212.4 m,南、北向轴线长为 143.64 m,高为 45.35 m。除南、北出入口处的局部玻璃幕墙外,其余部分为钛合金板覆面。

图 11-1 国家大剧院

国家大剧院独特的建筑造型、复杂的工程结构、精密的安装设计以及对建筑施工质量的严格标准,对施工测量提出了很高的要求,其主要特点如下。

1. 精度要求高

在国家大剧院的施工过程中,对测量精度的要求主要有平面精度和高程精度。

(1)平面精度：轴线放线±3 mm，细部线放线偏差±5 mm，放样点位相对误差±3 mm，轴线竖向投测允许误差±20 mm；

(2)高程精度：测站上抄平标高允许误差±3 mm，标高传递允许误差±5 mm/层，总高累计传递允许误差±20 mm。

2. 放样工作难度大

工程建筑设计多为圆曲线、椭圆曲线、2.2次方的超级椭圆曲线，竖直面内也有曲面的变化，各种曲线约占70%，加之混凝土结构、钢结构并存，各层平面标高变化多，结构复杂。因此，在施工测量过程中，不仅内业计算和现场放线工作量巨大，工程的复杂程度也为施工测量工作带来了新的挑战。

3. 测量管理要求严

因工期等因素，留给测量工作的作业时间几乎没有，要求测量工作迅捷、高效、准确，不能因为测量工作的延误或失误造成工序的窝工、返工现象。因此，根据国家大剧院施工测量的特点，必须选择高素质的测量人员，建立高效的测量管理体系，制订经济、合理、可靠的测量方案，配备足够的、能满足精度要求的测量仪器，才能够保证测量工作正常进行。

11.1.2 主要测量内容和测量方法

1. 控制测量

根据国家大剧院建筑工程自身特点，控制测量方案采用整体控制分期布网的原则，即先建立首级控制网，在此基础上，在不同的施工阶段根据工程进度、施工需要和精度要求分期布设加密施工控制网。

(1)首级控制测量。在建筑场地周围选择两个城市导线点，以其中一个点为起算点，以两个点的方向为起算方向，沿场地周围布设四等导线网，作为首级平面控制测量，并用徕卡的TC2002高精度全站仪[测角精度为±0.5″，测距精度为±(1 mm+1×10^{-6}D)]施测。实际测量结果表明，测角中误差为±0.3″，导线相对闭合差为1/59 000。另外，以平面控制点为水准点，按三等水准测量技术要求施测，形成首级三等水准高程控制网。

(2)加密控制测量。

1)土建施工的控制测量。在土建施工中，依据土建工程对测量工作的精度要求，根据施工习惯和工程特点，在首级控制网的基础上，采用十字轴线形式加密了土建施工控制点，并换算成施工坐标系。经检测正交轴线与90°较差小于2″。

2)钢结构安装加密控制测量。上部为2.2次方的钢结构超椭球体，安装精度要求非常高，原首级控制网及加密的土建施工控制网精度均不能满足钢结构施工精度要求。因此，在首级控制网下加密钢结构安装专用控制网。为使该网与原首级控制网一致，该网以首级控制网中的一个点和一条边为起算数据，加密由4个点组成的安装控制网。控制点均埋设强制对中标志，按三等导线测量技术要求施测，其各点之间的相对误差严格控制在3 mm之内。

2. 土建施工测量

主体建筑土建施工测量主要可分为"基础施工测量"和"结构施工测量"两个阶段。

基础施工测量又可分为"基础施工准备阶段"和"基础结构施工阶段"。主要在场区十字轴线的基础上加密放线控制点，或布设方格网，利用全站仪的极坐标方法放出护坡桩或连续墙的各槽段点，并按三等水准测量要求，以附合线路方式从首级高程控制网中引测护坡桩、土钉墙或地下连续墙上等加密水准点的高程。当从槽壁等位置上的加密水准点向结构作业面引测标高时，应形成附合路线，以便检核。

主体建筑结构施工时，结合工程的特点，利用十字主轴线在建筑物外围加密控制点。在拟建建筑物首层和现场周围布设导线网，导线点间相对点位误差不超过 3 mm。在首层结构拆模后，从首级高程控制点向结构内引测放线高程控制点，每个流水段不少于 3 个点，随着结构层数的增加，从电梯井、采光井、楼梯间等处用钢尺往上传递标高。各层放线高程控制点均需用红漆标定清楚。

3. 曲线、曲面放样

(1) 曲线放样计算。本工程建筑设计曲线多是显著特点。在工程中放样曲线时其点的密度则根据设计要求确定，一般曲线墙段施工放样以直代曲，即将曲线分成若干个直线段，以各段矢高不大于 3 mm 来决定直线段的长度，再根据各曲线的曲率大小和弧长，以此来计算曲线的放样点位和密度。

(2) 曲面放线计算。戏剧院、歌剧院、音乐厅的观众厅座席严格来说在空间上是一个双向的曲面，近似一个圆锥面，另外，局部还由多个圆锥面相切组成。

为简化曲面的计算，根据图纸条件，将曲面进行分解，分解成平面内的圆和竖直面内的多个重叠三角形，然后利用微积分的原理从圆心向外作同心圆，再沿着圆心向外作圆弧的法线，由此组成多个平面，在平面和设计曲面的矢高满足设计要求的条件下，以平面代曲面，算出各交点的坐标，也可用曲面方程进行计算。

(3) 放样测量。根据曲线特点分别采用极坐标、弦线支距、偏角等方法进行放样测量。

4. 钢结构壳体安装测量

本工程钢结构壳体安装测量的关键在于确保各构件相对位置准确无误。主要测量内容是复测钢结构壳体安装专用控制网，在此基础上进行控制轴线投线测量和钢体的安装测量。

(1) 控制轴线测量。为了保证钢结构壳体安装精度，同时又简化测量方法，将空间壳体分解成由梁架和顶环梁两部分。其中，梁架由 148 个竖直平面构件构成；顶环梁由 1 个水平平面构件构成。放样的主要工作是将施工控制轴线投放到混凝土结构或临时支撑架上，主要包括梁架径向投影线和顶环梁的中心投影线。

(2) 安装测量。

1) 梁架安装测量。梁架安装测量的主要内容包括：梁架钢支座的安装测量、梁架根部和梁架的安装定位。安装测量主要还是利用全站仪的极坐标测量、放样和视准线功能，配合一些专门的测量工具进行；高程测量的主要方法还是水准测量。

安装测量的精度：梁架钢支座安装的测点精度为±2 mm，钢支座安装的测点精度为±3 mm，累积不超过±5 mm；梁架根部的定位精度控制在水平位置±5 mm，标高±5 mm；梁架安装定位时，施工阶段的侧弯应控制在±2 mm，并在晚上9：00至凌晨6：00期间完成最终校正。

2）顶环梁安装测量。顶环梁采用分段安装，每段顶环梁设3~4个临时支座。临时支座安装时必须经过精确测量定位（主要是平面位置与标高），安装精度≤±3 mm。在分段顶环梁吊装过程中，由于分段顶环梁较重（每段为30~50 t），因此必须在松钩前精确调整到位。顶环梁全部安装到位后，还必须精确测定梁架连接板的平面位置和标高，与设计位置对照，以满足设计要求。

11.2　国家体育场施工测量

11.2.1　项目概况

国家体育场又称"鸟巢"，是2008年北京奥运会主会场，设计赛时座席9.1万个，平时座席8万个。其占地面积为20.4公顷，总建筑面积为25.8万 m^2，绿地面积为7.9万 m^2，地上共7层，最高高度为69.2 m；地下1层，高度为7.1 m。东、西长为280 m，南、北长为333 m。屋顶中部开口。

由于国家体育场规模宏大、结构复杂多样，所以施工测量的强度和难度都非常大。无论是混凝土结构工程还是钢结构工程，其对测量工作的要求都较高。同时，作业单位多，施工场地狭小，大型施工设备、运输车辆和重型起重机械频繁运行，这都给施工测量带来意想不到的困难。

11.2.2　主要测量内容和测量方法

1. 控制测量

按照"从整体到局部，逐级布网；从主体到周边，适时扩展"的原则，混凝土结构、钢结构工程共用相同的起算基准。分三级布网，第一级：首级GPS控制网（图11-2）；第二级：施工导线网（图11-3）；第三级：加密导线网。

首级网的主要目的是保证奥林匹克公园内其他奥运场馆、设施与国家体育场的坐标系统一致；施工导线网是施工控制网的主体，起框架作用；加密导线网主要考虑工程细部施工，弥补施工导线网的不足。

(1)首级GPS控制网由12点构成，已有高级GPS点4个，某地铁奥运支线精密导线点2个，新布设GPS点6个，其中体育场内3个，场外3个。

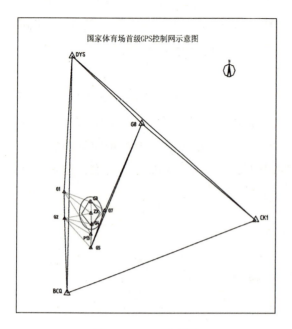

图 11-2　GPS 控制网　　　　　图 11-3　施工导线网

（2）施工导线网是保证混凝土结构、钢结构施工质量的重要控制网，使用频繁。其由外环 8 个点、内环 4 个点共 12 个点组成。内、外环控制点之间通过混凝土看台的 4 个观众（运动员）通道实现了巧妙连接。采用现浇钢筋混凝土墩台及专业强置对中标志，提高了对点精度和易用性。该网受施工影响较大，需定期复测。

（3）施工加密网是在施工导线网的基础上加密而成的导线网，弥补施工导线网的不足，使用频繁，使用期短。其受地质条件、结构状况、施工条件影响，稳定性较差，需经常复测。钢结构施工时，施工加密网需根据实际情况灵活布置。

（4）高程控制网采用二等水准网。

2. 精度要求

体育场各级控制网精度设计如下：首级网采用四等 GPS 控制网；二级网即导线网，精度介于一级导线网和城市测量规范四等导线网之间；施工加密网为一级导线网。国家体育场各级控制网精度设计见表 11-1。

表 11-1　国家体育场各级控制网精度设计

控制网	标准	等级	控制范围	测角中误差	边长相对中误差
GPS 控制网	国标	四等	国家体育场及其他奥运场馆区	10 mm＋10 ppm（固定＋比例误差）	1/45 000
施工导线网	国标 地标	介于地标场区一级和国标四等边角组合网之间	国家体育场区	3″	1/60 000

续表

控制网	标准	等级	控制范围	测角中误差	边长相对中误差
施工加密网	国标	建筑物一级	基坑周边、混凝土结构内部	5″	1/30 000

体育场工程细部定位精度要求如下：基础桩中心放样点位精度，±10 mm；环轴和射线轴控制点放样点位精度，±5 mm；混凝土斜柱中心或四角点放样点位精度，±10 mm；楼层标高控制线精度，±3 mm。

3. 基础施工测量

(1)基础桩。基础桩分批设计、逐次出图、变更多、类别多、数量大。测量内容包括点位放样、标高控制和成桩检测。

1)桩中心、孔口标高放样。具体流程：读图→按规则编号→计算桩位坐标→放样→下护筒→定标高→钻孔→复测。

2)成桩检测。在各批桩全部浇注且桩头剔凿完成后，按验收部门要求进行。步骤为：成桩实际中心标定→桩设计中心放样、画点→成桩偏差现场检查。

(2)基坑和基槽。

1)基坑开挖特点是坡度、坑深变化多，坡口线多为弧线。

基坑测量工作：按照坡度比、坑深计算上口线、下口线位置，每隔3～5 m计算、测放一平面坐标点并用几何水准法测高。

2)基槽标高：将标高点逐步引测至基坑侧壁，接近槽底前进行统一联测，确保各区清槽标高正确。

(3)边坡及支护。边坡及支护过程中测量的重点工作是支护灌注桩放样和边坡放坡。支护灌注桩放样采用全站仪坐标法完成；边坡放坡则先按坡顶高程、坡度计算放坡上口线、下口线的平面位置，并按一定间隔计算上口线坐标，然后用全站仪坐标法放样，下口线随土方开挖过程逐步控制至设计坡底高程。

边坡安全监测是现场监测的重要内容之一，采用视准线法或全站仪坐标法进行边坡水平位移监测。

4. 混凝土结构施工测量

(1)基础底板。主要测量工作：垫层标高控制；底板钢筋标高控制；地下环梁边线平面定位及标高控制；斜柱、下层看台斜梁钢筋空间定位。

(2)主体柱和主体梁。主体柱包括直柱、单斜柱和斜扭柱。斜扭柱最具特色，属世界首创设计，位于看台外围。主体梁包括中、上层看台内环梁，上层看台外环梁，三层看台斜梁以及各层楼面边梁。

斜柱定位方法有3种，即空间直角坐标变换、空间投影变换、在设计CAD三维模型上按需要高度进行剖切。它们在施工、检测过程均得到了应用和相互校核。

现在BIM技术在业内实施，可借助BIM模型完成异形柱或梁的定位。

(3)看台梁。中、上层看台内环梁为平面圆弧形,上层看台外环梁为立体马鞍形,二、三层看台斜梁上部为锯齿形踏步,支撑预制看台板。

测量重点是上层看台外环梁,立体马鞍形似"椅子圈",设计每隔 1 m 给出边线三维坐标。外环梁使用全站仪进行三维坐标放样。要求模板上特征点定位偏差(X,Y 或 Z)控制在 ±5 mm 以内。

(4)楼层板面。

1)各楼层轴线控制线:包括环轴(A~F)控制线和射线轴(1~112)控制线,用来控制本层柱、核心筒和上一层梁的平面位置。在当前楼面作临时控制点与施工导线网或施工加密网构成空间导线,然后用全站仪极坐标法定位。

2)边梁平面位置:在外环导线网点直接设站,用全站仪坐标法放样。

3)楼层标高:通过在核心筒内悬吊钢尺传递高程控制点,用水准测量法放样各楼层板面+500 mm 标高控制线。

(5)预制看台板。预制看台板安装是混凝土结构施工的最后阶段,在钢结构网架安装到位开始安装,临时支撑塔架拆除完成后结束安装。预制看台板采用清水混凝土工艺,加工精度高达 2 mm,安装精度要求高。

看台板安装前,在看台斜梁和踏步上建立看台板安装专用加密导线网,指导看台斜梁、踏步的剔凿和看台板控制线放样。看台板环向、径向控制线放样后,需拉钢尺复测,并将偏差进行人工平差、调整后,再据此进行看台板安装。

5. 钢结构施工测量

国家体育场钢结构屋盖是特大型大跨度空间结构,经过多次论证,确定采用散拼法施工。基本施工顺序为:安装柱脚(桁架柱、立面次结构柱、楼梯柱)→地面拼装(桁架柱、主桁架、肩部次结构)→安装临时支撑塔架→安装桁架柱、立面次结构、立面楼梯→安装主桁架→卸载临时支撑→安装顶面次结构、肩部次结构→安装上部楼梯柱、马道等→安装膜结构及其他设备。下面介绍主要施工阶段测量工作的要点。

(1)柱脚安装。柱脚包括桁架柱、立面次结构柱、立面楼梯柱的柱脚共 3 类。桁架柱柱脚测量包括平面放样和标高放样。

1)平面放样。采用全站仪坐标法放样底部标志线。

2)标高放样。采用水准仪结合塔尺或钢卷尺测量顶面。立面次结构和楼梯柱柱脚,直接使用全站仪对构件端口进行三维坐标放样。

桁架柱柱脚放样精度要求:轴线偏差为 5 mm;顶面标高为 −3~0 mm;顶面水平度为 $L/1\ 000$ 且 ≤3 mm。

(2)地面拼装。由于桁架柱、顶面主桁架等构件尺寸、重量巨大,且在外地加工制作,运输难度大,所以采用"工厂杆件制作→杆件运输→工地地面拼装成分段→分段吊装、焊接"的形式。本书将地面拼装、焊接简称为"拼装",将吊装、焊接简称为"安装"。

拼装详图由钢结构拼装单位依据钢结构施工图单独设计,均采用以构件上某标志点为原点、以某杆件中心线为 X 坐标轴的独立空间直角坐标系。拼装的测量工作主要有胎架测量和拼装测量。

1)胎架测量：根据拼装场地确定独立坐标系，测定胎架与构件接口的平面位置和高程。

2)拼装测量：使用全站仪和专业工装或小棱镜，测量、采集构件特征点三维独立坐标系(坐标系可以是"胎架坐标系"，也可采用任意坐标系)，使用工业三坐标测量软件，将采集的坐标数据组转化到桁架柱或主桁架的施工坐标系，并与设计坐标比较偏差，据此调整构件。如此反复，直至满足设计偏差要求。

拼装测量也可采用其他测量方法(如建独立三维控制网法、全站仪自由设站法等)进行。

(3)临时支撑塔架安装。设置临时支撑塔架的目的是在安装过程中支撑大跨度主桁架。混凝土看台施工阶段已预留放置支撑塔架的孔洞。

安装测量内容包括塔架基础平面定位、塔架垂直度测量、塔架顶面标高测量。

(4)桁架柱安装。桁架柱安装分下柱、上柱两分段安装。安装完毕后，内柱应垂直于地面，两外柱向外倾斜。测量要点：柱底接口与轴线及柱脚槽对齐，要求轴线偏差<5 mm；下柱柱顶平面、标高定位，内柱垂直度限差为 $H/1\,000$ 且≤10 mm；上柱安装，要求内柱正柱垂直度偏差≤35 mm。

(5)立面次结构和立面楼梯安装。立面次结构、立面楼梯安装测量要点：立面次结构，测量控制接口角点三维坐标，焊接控制错边量；立面楼梯，控制楼梯边线转折点坐标及平台、踏步的高度和水平度。

(6)主桁架安装。主桁架安装重点是测量定位：粗定位，在吊装时将桁架下弦轴线对准临时支撑塔架顶面轴线标志；精定位，使用全站仪测量桁架端口角点三维坐标偏差，直到调整到位。其质量要求：轴线偏差限差为 $L/1\,000$ 或单端横向偏差≤30 mm；跨中垂直度偏差限差为 $H/150$ 且≤15 mm；整体侧弯挠度≤50 mm。

(7)临时支撑卸载和变形观测。主结构安装完成后，要撤除临时支撑完成卸载，卸载目的是使顶面主结构达到稳定，为次结构安装做准备。卸载原则：以理论计算为依据，以变形控制为核心，以测量控制为手段，以平稳过渡为目标。"分阶段整体分级同步"卸载。卸载过程分 7 大步，每一大步又分 5 小步，共 35 小步。

卸载过程需要观测，以便及时掌握卸载过程中构件的应力、外形变化，确保安装构件的安全。观测内容有应力观测和变形观测，包括：80 个支撑塔架的应力、垂直度；顶面主桁架应力和变形；其他。应力观测采用电阻应电等传感器；变形观测同时采用 3 台全站仪进行实时三维坐标测量。

11.3　深圳市顺通安科技大厦施工测量

11.3.1　工程概况

顺通安科技大厦位于深圳市福田保税区紫荆道和巡逻路交会处。工程总用地面积为

3 005.43 m²，总建筑面积为 15 483.45 m²，容积率为 4.5；地下 1 层，地上 12 层，建筑总高度为 49.45 m。

11.3.2 主要测量内容和测量方法

1. 控制测量

(1)平面控制网。平面控制网布测遵从先整体后局部、先外控后内控、高精度控制低精度的原则，结合现有控制点对照总平面图和现场施工平面布置图确定控制网网形、选点、设置标志并进行保护。

外控网沿市政道路布设成闭合导线，施测精度执行一级导线要求。内控网在外控网的基础上采用极坐标法，测设建筑物纵、横两条主轴线，然后建立建筑物平面矩形控制网，经角度、距离检核符合点位限差要求后，作为场区首级平面控制网，场区平面控制网的精度等级执行《工程测量规范》(GB 50026—2007)的要求，平面控制网的技术要求必须符合表 11-2 的规定。

表 11-2 平面控制网的技术要求

等级	测角中误差/(″)	边长相对中误差
一级	±5	1/30 000

外控网用于基础施工，包括基坑开挖及支护、灌注桩(柱)基定位、基础梁边线定位等；内控网在基础施工完成后测设至建筑物内，主要用于轴线投测。在施工过程中内控点之间、内控点与外控点之间联测，联测点至少为 3 个。

(2)高程控制网。高程控制网用于标高控制和沉降观测。首先对建设方提供的高程控制点进行复测，无误后，布设一条包含平面外控网点的附合水准线路，利用三等水准测量完成首级高程控制网测量。

待基础施工完毕，将高程引入建筑物内，点位与平面控制点相同，在底层板面标示控制基点，点位上方留置施工孔，用水准仪将高程引入建筑物上层结构中，建筑物内控点应单独向上传递高程，同层标高联测以达到施工精度要求和检验目的，每层均应与外控点高程联测。

2. 结构施工测量方法

(1)基础平面轴线投测方法。引入基坑的平面控制点为主轴线横、纵向交点，通过全站仪将各点位投测到基坑地面上，对主轴线所围闭合图形进行检测，精度达到要求后，用钢尺分出轴线网格，作为承台地梁及小构件基槽开挖的施工控制线。

(2)基准线竖向投测方法。通过激光准直仪将横、纵向主轴线交点引入上层，通过闭合导线复核无误后，用钢尺分出细部轴线，用吊线器吊线检查上、下轴线偏差是否在允许范围之内。在控制点位置架设水准仪，在钢筋或架体上标示高程、控制水平及层高。

(3)标高竖向传递。用激光准直仪引线，应保证至少 3 个水准点分别向上层引高程，架设水准仪进行闭合高差检测，合格后再抄平墙柱水平控制线。

3. 工程重点部位的测量控制方法

（1）墙与柱的测量控制方法。通过基准线弹出墙体轴线交点，从轴线偏出放样墙柱轮廓线及尺寸，采用对角线检测及角度检测，保证墙柱尺寸无误。

墙柱平面位置由轴线网格控制，通过闭合图形的几何特性检测墙柱方正，垂直度由铅垂吊线或激光铅垂仪投点控制。支模柱箍四周加设钢管与满堂架拉结，保证混凝土浇筑期间柱偏移量符合施工精度要求。

（2）电梯井与楼梯间的测量控制方法。竖向筒体结构采用激光铅锤仪定出中心点位置和角点位置，通过筒体对角线检测筒体尺寸，确保筒体平面尺寸精度。竖向传递精度通过激光铅垂仪控制。支模时筒模内横纵方向支撑及斜向支撑根数及间距经计算确定，角点位置增设三角撑。

（3）地下室弧形车道的测量控制方法。首先应选取弧形控制点，如圆心、起点、端点、中点等，借助CAD标注功能标示控制点施测参数，用全站仪及钢尺定出上述控制点，控制点间采用内分法将圆弧分成小段；结合角度等分复测每个施测点，将所有点直线连接。

4. 施工放线检查复核限差

基础放线尺寸允许误差见表11-3，轴线竖向投测的允许误差见表11-4，各部位放线的允许误差见表11-5，标高竖向传递的允许误差见表11-6。

表11-3 基础放线尺寸允许误差

长度 L（宽度 B）尺寸/m	允许误差/mm
$L(B) \leqslant 30$	±5
$30 < L(B) \leqslant 60$	±10
$60 < L(B) \leqslant 90$	±15
$90 < L(B)$	±20

表11-4 轴线竖向投测的允许误差

项目		允许误差/mm
每层		3
总高 H	$H \leqslant 30$ m	5
	30 m $< H \leqslant 60$ m	10
	60 m $< H \leqslant 90$ m	15

表11-5 各部位放线的允许误差

项目		允许误差/mm
外轮廓轴线长度/L	$L \leqslant 30$ m	±5
	30 m $< L \leqslant 60$ m	±10
	60 m $< L \leqslant 90$ m	±15

续表

项目	允许误差/mm
细部轴线	±2
承重墙、梁、柱边线	±3
非承重墙边线	±3
门窗洞口线	±3

表 11-6　标高竖向传递的允许误差

项目		允许误差/mm
每层		±3
总高 H	$H \leqslant 30$ m	±5
	30 m $< H \leqslant 60$ m	±10
	60 m $< H \leqslant 90$ m	±15

2. 沉降观测

(1)观测项目及精度要求。施工单位应对结构施工阶段建筑基础及主体沉降、结构水平位移、重要施工设备如塔式起重机进行施工观测，观测精度见表 11-7。

表 11-7　变形观测的等级划分及精度要求

变形观测等级	沉降观测		水平位移观测	适用范围
	变形点的高程中误差/mm	相邻变形点高程中误差/mm	变形点的点位中误差/mm	
一等	0.5	0.3	1.5	变形敏感的高层建筑、高耸构筑物与工业建筑、重要古建筑、工程设施等
二等	1.0	0.5	3.0	变形敏感的高层建筑、古建筑、工业建筑、高耸构筑物、工程设施护坡桩及重要场地滑坡监测等

(2)建筑沉降观测。

1)沉降基准点。沉降基准点需埋设在施工应力的影响范围以外，分析现场情况，本项目沉降观测基准点使用建设方提供的已知高程点，使用前进行校验。

2)沉降观测点的布设。按照设计的要求布设沉降观测点，变形观测点是直接反映建筑物变形的参照点，应与变形体固结为一体，布设在能敏感反映变形的位置。在承重墙柱上沉降观测点标志采用内藏式，用 $\phi 32$ 电锤在设计位置打孔，将直径为 28 mm 的预埋件放入孔内，周围用环氧树脂填充，观测时将活动标志旋紧，测毕取出外旋保护盖，既不影响原有建筑物的外观又起到保护标志的作用。沉降点布设图及观测点做法如图 11-4 所示。

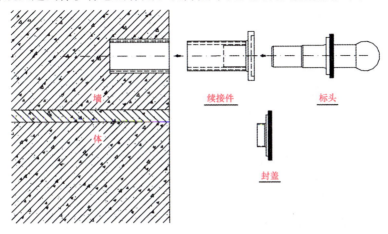

图 11-4 沉降点布设图及观测点做法

3)沉降观测周期及期限。沉降观测周期每层观测一次,连续到顶层,封顶后每月观测一次,直至沉降稳定为止;出现不均匀沉降时,根据情况增加观测次数;结构封顶至工程竣工沉降观测周期应符合下列要求:

均匀沉降且连续三个月内平均沉降量不超过 1 mm 时,每三个月观测一次;连续二次每三个月平均沉降量不超过 2 mm 时,每六个月观测一次;封顶后应每六个月观测一次,直至基本稳定($1 \text{ mm}/100d$)为止。

4)沉降变形资料的提交。提交资料包括垂直位移量成果表、观测点位置图、荷载-时间-位移量曲线图、变形分析报告。

参考文献

[1] 中华人民共和国建设部，中华人民共和国国家质量监督检验检疫总局．GB 50026—2007 工程测量规范[S]．北京：中国计划出版社，2008．

[2] 中华人民共和国住房和城乡建设部．JGJ/T 408—2017 建筑施工测量标准[S]．北京：中国建筑工业出版社，2017．

[3] 王金玲．工程测量[M]．武汉：武汉大学出版社，2013．

[4] 岳建平．工程测量[M]．2 版．北京：科学出版社，2016．

[5] 李征航，黄劲松．GPS 测量与数据处理[M]．3 版．武汉：武汉大学出版社，2013．

[6] 徐绍铨，张华海，杨志强，等．GPS 测量原理及应用[M]．4 版．武汉：武汉大学出版社，2017．

[7] 杨晓平，程超胜．建筑施工测量[M]．3 版．武汉：华中科技大学出版社，2011．

[8] 王欣龙．测量放线工必备技能[M]．2 版．北京：化学工业出版社，2017．

[9] 程效军，鲍峰，顾孝烈．测量学[M]．5 版．上海：同济大学出版社，2016．

[10] 石四军．建筑工程控制与施工测量快速实施手册[M]．北京：中国电力出版社，2006．

[11] 周建郑．建筑工程测量[M]．4 版．北京：中国建筑工业出版社，2018．

[12] 秦长利．国家大剧院施工测量方法与实践[J]．测绘通报，2006（08）．

[13] 秦长利．徕卡设备在"鸟巢"项目中的应用[J]．测绘通报，2006（07）．

[14] 秦长利．大型特殊钢结构工程控制测量方法研究[J]．工程勘察，2010(S1)．

[15] 杨俊峰、杜峰、邱德隆、汪蛟．国家体育场斜（扭）柱的测量技术[J]．施工技术，2006(10)．

[16] 董伟东．国家体育场斜柱 3 维定位模型与测设[J]．测绘通报，2006（07）．

[17] 马书英、张凯、朱祥顶．国家体育场"鸟巢"支撑塔架施工测量[J]．测绘科学，2010(11)．